水利工程建设与管理研究

向德林　李鹏　张帅　著

辽宁科学技术出版社
·沈阳·

图书在版编目（CIP）数据

水利工程建设与管理研究 / 向德林，李鹏，张帅著. — 沈阳 ：辽宁科学技术出版社，2022.10（2024.6重印）
ISBN 978-7-5591-2691-7

I. ①水… II. ①向… ②李… ③张… III. ①水利建设②水利工程管理 IV. ①TV

中国版本图书馆 CIP 数据核字(2022)第 151919 号

出版发行：辽宁科学技术出版社
（地址：沈阳市和平区十一纬路 25 号　邮编：110003）
印 刷 者：沈阳丰泽彩色包装印刷有限公司
幅面尺寸：185mm×260mm
印　　张：8.625
字　　数：200 千字
出版时间：2022 年 10 月第 1 版
印刷时间：2024 年 6 月第 2 次印刷
责任编辑：高雪坤
封面设计：博瑞设计
版式设计：博瑞设计
责任校对：栗　勇

书　　号：ISBN 978-7-5591-2691-7
定　　价：68.00 元

编辑电话：024-23284360
邮购热线：024-23284502
http://www.lnkj.com.cn

前　言

水利工程建设项目是国民经济的基础设施，在社会发展的各个阶段为人民的生产和生活提供了重要保障。随着建筑市场管理力度的加强以及先进技术的推广和应用，工程建设的管理水平有了很大的提高。但是，因从业人员业务水平参差不齐，建设管理过程中仍存在诸多问题。为了更好地适应水利工程建设管理的要求，著者依据建设管理规范条例，理论与实例相结合，着重介绍了施工中真实发生的实际问题，突出重点，从项目建设管理的角度，明确各环节的工作要点及方法。本书具有较强的指导性，可供水利工程类相关人员工作时参考借鉴。

向德林

南水北调中线干线工程建设管理局渠首分局

2022 年 12 月

目 录

第一章　水利工程项目的施工组织设计

第一节　施工组织设计的基本概念

无论是民用建筑、工业厂房还是公共建筑，施工组织设计从工程技术、施工管理、施工工序、各专业之间的协调与配合、施工现场的整体布置到材料和机具堆放的有条不紊都是至关重要的，施工组织设计编制的好坏直接关系到工程的质量与品质的高低。建筑工程施工组织设计不仅是建筑工程施工管理的有力保障，而且能够推动建筑工程项目保质保量按时完工。因此，进行科学合理的施工组织设计，不仅对于建筑工程施工建设有着积极的指导意义，而且对于施工管理及工程施工的按时完工也有一定的积极作用。施工组织设计是用以组织工程施工的指导性文件，在工程设计阶段和工程施工阶段分别由设计、施工单位负责编制。施工组织设计是对施工活动实行科学管理的重要手段，它具有战略部署和战术安排的双重作用，体现了实现基本建设计划和设计的要求，提供了各阶段的施工准备工作内容，能协调施工过程中各施工单位、各施工工种、各项资源之间的相互关系。

从施工组织设计编制的特点看，施工组织设计是以单个工程为对象进行编制的，一般情况下是各个施工企业分别独立进行，有很强的技术性和综合性，需要编制人员有足够的建筑工程理论基础和一定的实践经验。施工组织设计的内容必须适应工程项目和业主、设计、监理的特殊要求，同时也必须符合国家有关法律、法规、标准及地方规范的要求。施工组织设计编制必须满足最终的一个基本要求，即对施工过程起到指导和控制作用，在一定的资源条件下实现工程项目的技术经济效益，达到施工效益与经济效益双赢的目的。

一、施工组织设计编制目前所存在的缺陷

（1）目前所累积的建筑施工技术资源得不到有效、充分的应用，特别是其中的智力资源，这一方面是编制人员自身素质和经验不足造成的，另一方面是传播渠道不畅通所导致的。对早已有的成功经验没有进行借鉴，所编制的内容缺乏新技术、新工艺，没有起到提高劳动效率、降低资源消耗的作用。往往有这种情况，某施工组织设计编制人员构想的内容，早已有经验可以借鉴，但其不仅没有借鉴，甚至根本不知道有这项成果的存在，这就给编制人员带来了大量的重复劳动。

（2）有的施工组织设计编制人员缺乏技术理论基础和具体的施工经验，编制中只是对技术规范照搬、照抄，而未对具体工程的特点进行有针对性的规划和设计，没有起到指导施工的作用。

（3）施工组织设计必须对每个建筑工程逐个进行编制，以适应不同工程的特点，但不同的编制人员对于同类型的施工工艺在进行编制工作的同时，做了大量不必要的重复劳动，降低了工作效率。

（4）现在编制的施工组织设计只作为技术管理制度的一项工作，它主要追求施工效益而很少考虑经济效益，只注重组织技术措施而未注重经济管理的内容，以至于在实施过程中不讲成本，没有实现经济效益的目标。

（5）目前施工组织设计的编制经常是技术部门的几个技术人员包揽，技术部门搞编制，生产部门管执行，出现了设计与实施分离的现象，以至于造成施工组织设计只是形式而已，不能真正起到指导施工的作用。随着科学技术的发展和建筑水平的不断提高，以及施工企业管理体制的进一步完善，原有的传统施工组织设计编制方法已不能适应现在的要求。目前我国已加入了世界贸易组织（WTO），为了适应日益激烈的市场竞争形势，适应建筑市场和新型施工管理体制的需要，建筑施工企业要具备建造现代化建筑物的技术力量和手段，就必须对现在的施工组织设计的编制方法进行改进。

二、改进方法

（1）运用系统的观念和方法，建立施工组织设计编制工作的标准。行业管理部门如能对建筑工程中的大、中型项目的施工组织设计进行收集，经过分析和归纳，整理并发布，则能使先进的施工组织设计发挥效益，减少编制人员的重复劳动，而且能推广先进经验。

（2）企业应改变施工组织设计由技术部门包揽的做法，实行谁主管项目实施，就由谁负责主持编制并执行的方法，使施工组织设计能较好地服务于施工项目管理的全过程。

（3）施工组织设计的内容就是根据不同工程的特点和要求，根据现有的和可能创造的施工条件，从事实出发，决定各种生产要素的结合方式。选择合理的施工方案是施工组织设计的核心，应根据多年积累的建筑施工技术资源，同时借鉴国内外先进的施工技术，运用现代科学的管理方法并结合工程项目的特殊性，从技术及经济上互相比较，从中选出最合理的方案来编制施工组织设计，使技术上的可行性同经济上的合理性统一起来。

（4）施工组织设计内容应简明扼要、突出目标，结合企业实际情况满足招标文件的需要，同时要具有竞争性，能体现企业的实力和信誉。

（5）建筑施工企业应实行施工组织设计的模块化编制，更多地运用现代化信息技术，以便进行积累、分组、交流及重复应用，通过各个技术模块的优化组合，减少无效劳动。

（6）努力贯彻国家质量管理和保证体系标准，走质量效益型发展道路，建立并完善科学的、规范的质量保证体系。逐项地编制质量保证计划，应与施工组织设计工作同时进行，并努力使二者有机结合起来。建筑施工组织设计必须扩大深度和范围，对设计图纸的合理性和经济性做出评估，实现设计和施工技术的一体化。施工企业要建立施工组织设计总结与工法制度，扩大技术积累，加快技术转化，使新的技术成果在施工组织设计中得到应用。

目前已是知识经济时代，信息技术在工程项目中起到越来越大的作用，建筑施工企业应大力发展与运用信息技术，重视高新技术的移植和利用，拓宽智力资源的传播渠道，全面改进传统的编制方法，使信息在生产力诸要素中起到核心作用，逐步实现施工信息自动化、施工作业机器化、施工技术模块化和系统化，以产生更大的经济效益，增强建筑施工企业的竞争力，从而使企业能在日益激烈的竞争中获得更好的生存环境。

三、施工组织设计的作用

施工组织设计是沟通工程设计和施工之间的桥梁，既要体现基本建设计划和设计的要求，又要符合施工活动的客观规律，对建设项目、单项及单位工程的施工全过程起到战略部署和战术安排的双重作用。施工组织设计也是指导拟建工程从施工准备到施工完成的组织、技术、经济的一个综合性的设计文件，对施工全过程起指导作用。

施工组织设计是施工准备工作的重要组成部分，也是及时做好其他有关施工准备工作的依据，因为它规定了其他有关施工准备工作的内容和要求，所以它对施工准备工作也起到保证作用。施工组织设计是对施工活动实行科学管理的重要手段，是编制工程概况、预算的依据之一，是施工企业整个生产管理工作的重要组成部分，是编制施工生产计划和施工作业计划的主要依据。因此，编制好施工组织设计，按科学的程序组织施工，建立正常的施工秩序，有计划地开展各项施工活动，及时做好各项施工准备工作，保证劳动力和各种技术物资的供应，协调各施工单位之间、各工种之间、各种资源之间及空间和平面上的布置、时间上的安排之间的合理关系，从而为保证施工的顺利进行、如期按质按量完成施工任务、取得良好的施工经济效益，起到重要的作用。

四、施工组织设计的分类

施工组织设计根据设计阶段和编制对象的不同，大致可以分为4类：施工组织总设计（施工组织大纲）、单位工程施工组织设计、分部（分项）工程施工作业设计和投标前施工组织设计。前3类施工组织设计是由大到小、由粗到细、由战略部署到战术安排的关系，但各自要解决问题的范围和侧重等要求有所不同。投标前施工组织设计，是专为制作投标文件而进行编制的。

（一）施工组织总设计（施工组织大纲）

施工组织总设计是以一个建设工程项目为编制对象，用以规划整个拟建工程施工活动的技术经济文件。它是整个建设工程项目施工任务总的战略性的部署安排，涉及范围较广，内容包括较多。它一般是在初步设计或扩大初步设计批准后，由总承包单位负责，并邀请建设单位、设计单位、施工分包单位参加编制。如果编制施工组织设计条件尚不具备，可先编制一个施工组织大纲，以指导开展施工准备工作，并为编制施工组织总设计创造条件。施工组织总设计的主要内容包括工程概况、施工部署与施工方案、施工总进度计划、施工准备工作及各项资源需要量计划、施工总平面图、主要技术组织措施及主要技术经济指标等。

由于大、中型建设工程项目施工工期往往需要几年，施工组织总设计对以后年度施工条件等变化很难精确地预见到，这样，就需要根据变化的情况，编制年度施工组织设计，用以指导当年的施工部署并组织施工。

（二）单位工程施工组织设计

单位工程施工组织设计是以一个单位工程或一个不复杂的单项工程（一座涵闸、桥梁，一个厂房、仓库或一幢公共建筑等）为对象而编制的。它是根据施工组织总设计的规定要求和具体的实际条件对拟建的工程对象施工工作所做的战术性部署，内容比较具体、详细。它是在全套施工图设计完成并交底、会审完后，根据有关资料，由工程项目技术负责人组织编制的。单位工程施工组织设计的主要内容包括工程概况、施工方案与施工方法、施工进度计划、施工准备工作及各项资源需要量计划、施工平面图、主要技术组织措施及主要经济指标等。对于常见的小型工程可以编制单位工程施工方案，它的内容比较简化，一般包括施工方案、施工进度、施工平面布置和有关的一些内容。

（三）分部（分项）工程施工作业设计

分部（分项）工程施工作业设计是以某些新结构、技术复杂的或缺乏施工经验的分部（分项）工程为对象（屋面网架结构、有特殊要求的高级装饰工程等）而编制的，用以指导和安排该分部（分项）工程施工作业完成。分部（分项）工程施工作业设计的主要内容包括施工方法、技术组织措施、主要施工机具、配合要求、劳动力安排、平面布置、施工进度等。它是编制月、旬作业计划的依据。

（四）投标前施工组织设计

投标前施工组织设计，是编制投标书的依据，其目的是中标。主要内容包括施工方案、施工方法的选择，关键部位、工序采用的新技术、新工艺、新机械、新材料，以及投入的人力、机械设备等；施工进度计划，包括网络计划，开、竣工日期及说明；施工平面布置，水、电、路、生产、生活用施工设施的布置，临时用地；保证质量、进度、环保等的计划和措施；其他有关投标和签约的措施。

五、编制施工组织设计的基本原则

（1）认真贯彻国家对工程建设的各项方针和政策，严格执行工程建设程序。

（2）遵循建设施工工艺及其技术规律，坚持合理的施工程序和施工顺序。

（3）采用流水施工方法、工程网络计划技术和其他现代管理方法，组织有节奏、均衡和连续的施工。

（4）科学地安排冬期和雨季施工项目，保证全年施工的均衡性和连续性。

（5）认真执行工厂预制和现场预制相结合的方针，不断提高施工项目建筑工业化程度。

（6）充分利用现有施工机械设备，扩大机械化施工范围，提高施工项目机械化程度；不断改善劳动条件，提高劳动生产率。

（7）尽量采用先进的施工技术，科学地确定施工方案；严格控制工程质量，确保安全施工；努力缩短工期，不断降低工程成本。

（8）尽可能减少施工设施，合理储存建设物资，减少物资运输量；科学地规划施工平面图，减少施工占地。

第二节　单位工程施工组织设计

根据建筑物的规模大小、结构的复杂程度，采用新技术的内容，工期要求，建设地点的自然经济条件，施工单位的技术力量及其对该类工程的熟悉程度，单位工程施工组织设计的编制内容与深度都有所不同。较完整的单位工程施工组织设计包含如下内容。

一、工程概况

工程概况和施工条件分析是对拟建工程特点、地点特征、抗震设防的要求、工程的建筑面积和施工条件等所做的一个简要的、突出重点的介绍，其主要内容包括：

（一）工程建设概况

拟建工程的建设单位，工程名称，工程规模、性质、用途、资金来源及工程投资额，开、竣工的日期，设计单位，施工单位（包括施工总承包和分包单位），施工图纸情况，施工合同，主管部门的有关文件或要求，组织施工的指导思想等。

（二）工程施工概况

（1）建筑设计特点。一般需说明拟建工程的建筑面积、层数、高度、平面形状、平面组合情况及室内外的装修情况，并附平面、立面、剖面简图。

（2）结构设计特点。一般需说明基础的类型、埋置的深度、主体结构的类型、预制构件的类型及安装抗震设防的烈度。

（3）建设地点的特征。包括拟建工程的位置、地形，工程地质条件；不同深度土壤的分析，冻结时间与冻结厚度，地下水位、水质；气温，主导风向、风力。

（4）施工条件。包括“三通一平”情况（建设单位提供水、电源及管径、容量、电压等），现场周边的环境，施工场地的大小，地上、地下各种管线的位置，当地交通运输的条件，预制构件的生产及供应情况，预拌混凝土供应情况，施工企业、机械、设备和劳动力的落实情况，劳动力的组织形式和内部承包方式等。

（三）工程施工特点

概括单位工程的施工特点是施工中的关键问题，以便在选择施工方案、组织资源供应、技术力量配备以及施工组织上采取有效的措施，保证施工顺利进行。

二、施工准备工作

施工准备是单位工程施工组织设计的一项重要工作。施工准备工作宏观地分为内部资料准备和外部物资准备两大部分。对于装饰装修工程主要准备工作包括：

（一）内部资料准备工作

（1）研究设计图纸，讨论方案的可行性；

（2）根据图纸核对现场尺寸；

（3）按区域、房间、工种、项目计算装饰装修工程量；

（4）在计算装饰装修工程量的基础上，参照施工定额，按区域、房间、工种、项目确定额定工料消耗，编制工程预算；

（5）根据工程设计特点和现场条件及技术经济条件，编制施工组织设计应包括以下几点：

①经与结构、安装工程协调的装饰装修工程施工进度计划。

②各装饰装修分项工程施工方法或工艺。

③拟用的装饰装修工具一览表。

④施工现场组织平面图。

⑤质量、安全、场容管理、成品保护及现场保卫等措施。

⑥根据施工进度计划和工程量表，按材料品种、规格编制装饰装修材料需用计划及采购计划。

⑦进行安全与技术交底。

（二）外部物资准备工作

（1）复核结构施工尺寸，根据50线确定装饰装修基准线。

（2）清理影响施工的障碍物。

（3）落实装饰装修施工队伍，选择专业技术人员。特殊工种要持证上岗。

（4）根据工程需要准备施工工具及设备。

（5）确保装饰装修材料的供应，通知材料及人员进场。

（6）熟悉及完善现场环境。工人进场施工前，工地要实现“五通”：

①水通：现场供水要满足生活、施工及消防需要。

②电通：现场供电的电压及功率要满足现场生活及施工需要，必要时准备发电机。

③路通：现场道路力争能使运输材料的汽车直接到达门口。

④通信通：邮政及电信能满足工地生活和外界联系。

⑤高层垂直运输通：高层建筑装修要有垂直运输材料的通道，最好能使用电梯。

⑥在工人进场施工以前，工地现场要准备好下列场地：a.现场餐、厕场地，或联系外部餐厅；b.现场住宿场地；c.现场办公场地；d.现场仓库或材料堆放场地；e.现场半成品临时加工及堆放场地；f.材料二次运输临时堆放场地。

⑦在工人进场施工前，需熟悉当地社会环境：a.火警电话号码；b.当地派出所电

话号码及其他治安联防单位电话号码；c.医院急救电话；d.材料供应商的电话、地址；e.业主电话；f.设计单位电话。

⑧在工人进场施工以前，办理下列手续：a.工程报建；b.税务登记；c.银行开户；d.工程保险；e.附属批文，如公安局、消防处批文等；f.外来施工人员现场暂住手续。

三、施工方案

施工方案是施工组织设计的核心内容，在编制施工方案的过程中要运用“系统”的观念及方法，研究其技术特征与经济作用；针对不同类型、等级、结构特点的工程制订出不同的装饰装修施工方法；努力贯彻ISO9001系列的标准，走质量效益型发展道路；施工方案的选择与制订需多方案比较，在比较中得到最佳方案。施工方案主要包括各主要工种的施工方法尤其是新技术、新工艺需详细说明，施工程序、施工顺序和施工流向的确定，施工段的划分（流水进度），各主要工种选用机械及其布置和开行路线，确定配件现场加工与工厂加工的种类和数量。

四、施工进度计划图表

施工进度计划图表是介绍各分部（分项）工程的项目、数量、施工顺序、搭接和交叉作业的表格。此外还应列出劳动力、材料、机具、预制配件、半成品等需用计划。因此，从施工进度计划表中要反映出整个工程施工的全过程。寻求最优施工进度的指标使资源需用量均衡，在合理使用资源的条件下和不提高施工费用的基础上，力求使工期最短。

五、施工平面图

绘制材料和配件现场临时堆放的位置、施工机械的位置，力求使材料的二次搬运最少。

六、施工技术、组织与保证安全措施

为了保证工程的质量，要针对不同的工作、工种和施工方法，制定出相应的技术措施和不同的质量保证措施。同时要保证文明施工、安全施工。

（一）施工技术组织措施

（1）保证质量的关键是对工程施工中经常发生的质量通病制定预防措施。例如，对采用新工艺、新材料、新技术和新结构制定有针对性的技术措施，确保质量的措施，保证各种工程质量的措施，以及复杂特殊工程的施工技术组织措施等。

（2）在组织工程施工过程中建立健全的质量监督体系，建立自查、工长检查、质量员复查、监理监察的质量检查系统，以保证各分项工程的质量。

在组织施工过程中，合理穿插施工可加快工程的施工进度，但是，在不同程度上也会影响施工的质量。这对施工组织人员来讲，组织施工必须严密，只有不断地对不同结构进行把握和分析，对不同施工条件进行适应和改善，对施工过程中规律性的东西进行研究和掌握，对施工组织科学性、适用性进行探索，对施工方法进行总结和鉴别，对施工经验进行总结和积累，才能保证工程的质量。

（3）在组织施工过程中，建立健全现代项目管理体制，要结合我国的国情进行妥善设置。在我国市场机制还不是很完善的情况下，要使经济手段和行政手段相结合，一方面运用经济合同明确工程建设各方面的责任，建立相应的项目管理体系；另一方面要运用原有的行政管理体系，为工程项目的顺利进行扫除障碍、创造条件。

（4）施工组织上对于施工队伍的分包，必须以法律为准绳，不与不够资质的施工队伍签订分包合同，以确保工程质量。

（二）保证施工安全措施

（1）新工艺、新材料、新技术、新结构的安全技术措施。

（2）预防自然灾害（防雷击、防滑等）措施。

（3）高空作业的防护措施。

（4）安全用电和机电设备的保护措施。

（5）防火、防爆措施。

（三）冬雨季施工措施

1.雨季施工措施

要根据工程所在地的雨量、雨期和工程特点、部位，在防淋、防潮、防泡、防淹、防拖延工期等方面，合理地安排施工任务，采取改变施工顺序、排水、加固、遮盖等措施。在工程的施工进度安排上，注意晴雨结合，并做好道路的防滑措施，做好现场的排水工作，经常疏通排水管道，防止堵塞。

2.冬期施工措施

要根据所在地的气温、降雪量、工程内容和特点、施工条件等因素，在保温防冻、改善操作环境等方面，采取一定的冬期施工措施。对于不适宜在冬期施工或在冬季不容易保证质量的工作，合理安排在冬期以前或冬期以后进行，并及早做好技术、物资的供应和储备。加强冬季防火措施。

3.降低成本措施

包括提高劳动生产率，节约劳动力，材料、机械设备费用，临时设施费用等方面的措施。它是根据施工预算和技术组织措施计划进行编制的。

4.防火措施

临时建筑的位置、结构、防火间距；易燃、可燃材料存放地点、堆垛体积；工地消防给水管道、临时消防立管和室外消火栓的位置、管径；消防车道宽度和消防泵房的位置，泵的型号、规格，供电线路架设方位及电压；配备消防器材的种类和数量等方面的措施。

第三节　投标文件施工组织设计的编制

投标文件的技术部分即投标工程的施工组织设计，它是投标文件的重要组成部分，是编制投标报价的基础，是反映投标企业施工技术水平和施工能力的重要标志。施工组织设计文件编制质量的好坏，将会直接影响到中标与否，其在投标阶段的重要性不言而喻。

一、投标施工组织设计的特点

施工组织设计是指施工企业在工程项目投标阶段对投标项目所做的项目策划。它是企业根据投标文件所给出的边界条件以及企业自身的施工技术水平对投标工程确定的施工管理、施工技术方案的纲领性文件。作为投标文件技术部分的施工组织设计主要有以下特点。

（一）编制的依据详疏不同

在工程招标阶段，不同项目的发包方采取的招标方式不同。有的聘请专业的招标代理公司进行，有的自行组织招标，也有的聘请设计单位组织招标文件的编制。因此，各个工程项目招标文件的编写程度深浅不一，提供的工程设计图纸资料的详尽程度也各不相同，这就要求投标企业的投标文件编制人员通过标前答疑、现场踏勘等各种渠道，尽可能地对工程有一个较全面、准确的了解，排除在投标过程中的不确定因素，使编制出的投标文件有的放矢。

（二）有理有据、条理分明

该阶段的施工组织设计是针对发包方在投标阶段评标用的。由于评标时间一般不会太长，对于评委而言，要使其在很短的时间内对所有投标单位的投标文件进行详尽的评阅，所编写的文字必须有理有据、条理分明，使其在评阅文件时能用尽可能少的时间，对本企业的投标文件有一个完整的了解。对本企业在该项目施工中计划采取的施工方案、管理体制以及人员、设备的投入，满足工程质量、工期、安全、环保等方面的能力有尽可能全面的理解和认同。

（三）图文并茂，一目了然

如果说条理分明的文字是一个好的施工组织设计的首要条件的话，那么，图纸则能起到画龙点睛的作用。如总平面布置图、各部位施工方法示意图等，都能把文字所要表达的意思更直观、准确地表达出来，让阅读者一目了然、事半功倍。在计算机模拟技术不断发展的今天，很多单位已将计算机三维模拟技术应用在标书的制作中，在投标阶段即可把施工中的实际场景真实地显现出来，让发包方和评标专家们看到施工中、竣工后的工程及周边环境。

（四）抓住重点，突出特点

由于投标阶段针对性较强，因此，在编制施工组织设计的时候，在内容上要全面覆盖整个工程的各个方面。同时，应在充分研究工程布置、建筑物特点、工期、质量、安全、环保等要求的基础上，抓住工程的难点、关键线路项目以及发包方关注的其他重点问题进行详尽的表述，充分解答发包方和评标专家们的疑惑。另外，在施工方案、方法上要突出本企业对该工程设计、施工的理解程度，把在本工程施工中计划采取的主要施工特点、关键技术、新材料、新工艺等着重加以突出。

二、编制中应注意的问题

在投标阶段，由于招标文件的局限性和投标文件编制时间的有限性，想要优质地编制出投标工程的施工组织设计，就应注意做好如下几方面的工作。

（一）认真阅读和领会招标文件

招标文件是投标的依据，在开始着手进行施工组织设计编制之前，应下功夫对招标文件进行深入的阅读和理解，领会招标文件的精神。对招标的依据、内容、范围，工程的布置、规模、特点，水文气象，地质资料，交通和施工的用水、用电等边界条件以及工期、质量的要求，施工难点有一个全面的了解和把握。

准确读图是阅读招标文件的重要部分，在读图的过程中把发现的问题及时做好记录，尤其是不明白、不清楚的地方或对重大技术方案、工程造价有影响的地方，作为发包方需要进一步澄清的问题在标前答疑中提出。

另外，有的招标文件还附带有详细的评标办法，对投标文件技术部分编制中应包含的内容和编制的深度都做了详细的规定。那么，在编写施工组织设计时就必须严格按其要求进行，甚至章节编号、题目都应与之尽可能一致，以响应招标文件。

（二）做好现场踏勘和标前答疑

现场踏勘是对投标工程项目现场客观条件的客观认识和把握。通过踏勘现场，实地了解工程所处的地理位置、施工临时设施的布置以及水文，气象，地质，交通，施工用水、用电条件等，可以进一步对工程施工中可能存在的潜在问题做到心中有数。现场踏勘是对工程的感性认识，对合理确定施工交通，水流控制，风、水、电系统等临时工程量有着极为重要的意义。

标前答疑是发包方在发售招标文件后，对招标文件及招标的边界条件给予各投标单位的进一步澄清和说明，一般都有时间限制。因此，投标方在拿到招标文件后，应立即组织各专业工程师对招标文件进行详细阅读和领会，并将各专业存在的疑问汇总，以书面形式尽快提交发包方，以便及时得到澄清。

（三）确定重大技术方案

投标文件是一个整体系统，在其编写过程中每一次对主要施工方案、方法的修改，都要对其他部分进行相应的变动。因此，在认真阅读和领会招标文件、踏勘现场后，不要急于着手进行投标文件的编制，应该在文件开始编写前对工程项目施工中的重大技术方案进行详细研究。例如施工总体布置，风、水、电及交通系统的形式，水流控制的方式，各部位施工方案、方法、工程工期安排等。只有在对这些关键性的问题进行仔细研究确定后，才能避免在编制文件的过程中频繁地修改方案、方法，从而使编制工作事半功倍，在紧张的编制时间内游刃有余。

（四）初稿完成后的审定

投标工作是一项烦琐而又时间紧迫的工作，在时间紧、任务重的状态下难免会出现差错。所以，在初稿完成后，一定要留出时间进行审查。首先应由编写者自审，主要审查在编写过程中有无遗漏的地方和项目，施工机械设备的配置是否满足施工，工期安排能否满足招标文件的要求，各部分是否有矛盾之处等。在自审的基础上，应由项目负责人对整个文件进行系统的审阅，进一步完善编制内容。投标工作是一项残酷的竞争，各投标单位在响应招标文件的基础上，不断拓宽文件所包含的内容，以求做到尽可能地完美。投标文件一般包括文字部分和图纸部分。

三、文字部分

文字部分是施工组织设计的主体部分。它必须把要表达的内容准确、简明地叙述出来，使阅读者能在有限的文字里读到想要了解的内容。文字部分包括以下主要内容。

（一）编制依据

（1）SL/T619—2021《水利水电工程初步设计报告编制规程》。

（2）可行性研究报告及审批意见，上级单位对本工程建设的要求或批件。

（3）工程所在地区有关基本建设的法规或条例，地方政府、业主对本工程建设的要求。

（4）国民经济各有关部门（铁道、交通、林业、灌溉、旅游、环境保护、城镇供水等）对本工程建设期间的有关要求及协议。

（5）当前水利水电工程建设的施工装备、管理水平和技术特点。

（6）工程所在地区和河流的自然条件（地形、地质、水文、气象特征和当地建材情况等），施工电源、水源及水质，交通，环境保护，旅游，防洪，灌溉，航运，供水等现状和近期发展规划。

（7）当地城镇现有修配、加工能力，生活、生产物资和劳动力供应条件，居民生活、卫生习惯等。

（8）施工导流及通航等水工模型试验、各种原材料试验、混凝土配合比试验、重要结构模型试验、岩土物理力学试验等成果。

（9）工程有关工艺试验或生产性试验成果。

（10）勘测、设计各专业有关成果。

（二）工程概况

工程概况主要包括工程特点、结构特征、地下管线、地理位置、施工条件、自然气候等内容。

（三）施工部署

施工部署主要包括项目组织机构及人员资质，项目管理及质量、安全、成本、环保等管理体系的建立，质量、安全、工期、成本、文明施工等管理目标，施工总体方案，施工总工期控制，分项工程施工强度分析，施工程序和施工顺序，施工段划分，分承包形式，分项工程施工强度分析和总工期控制，实验检验批次划分，特殊过程确定和质量控制点的设置，可追溯性范围的确定等内容。

（四）施工进度计划

施工进度计划主要包括网络计划、横道图、斜线图、图像进度表、立面图等计划形式。对项目多、工期长、规模大、技术复杂、分包单位多的工程，可以采用4种以上的形式编制进度计划。一般工程可采用1～2种形式编制进度计划。施工总进度以施工网络计划中的关键线路和横道图进度计划为主，各专业队分段流水作业计划以横道图和斜线图为主，建筑物某专业工程施工进度的行列、区段、层次则以横道图和图像进度表为主。

（五）施工导流

施工导流包括施工截流、导流措施等。

（六）主体工程的施工方法

主体工程的施工方法主要包括施工测量、土方工程、石方工程、钢筋混凝土工程、模板工程等内容。根据这些施工内容，结合工程特征，按不同专业和分部、分项施工的先后顺序，确定先进、合理、可行的施工方案和方法。其主要施工方案应本着技术先进、经济合理的原则，分别按投标项目内容的施工工艺流程、施工流水段划分、施工工种的优化组合、施工机械的选择、施工材料的组织、施工顺序安排、流水施工组织、场内外施工条件等方面，确定符合工程实体和符合招标文件实质性要求的有效方案。主要施工方法原则上应按生产要素和质量因素，对不同的施工内容分别按工作准备、施工程序、工种配备、操作工艺、作业方法、工序衔接、质量控制、成品保护、施工注意要点等方面进行科学合理的编制。

（七）主要技术措施

主要技术措施包括进度计划保证措施、降低成本控制措施、施工技术管理措施、特殊过程和关键工序控制措施、质量通病防治措施、过程控制纠偏措施、成品保护措施等。

（八）施工组织机构

施工组织机构包括施工现场人员组织结构、相互关系、人员责任分工等。

（九）施工协调

施工协调主要包括建设行政主管部门协调，建设单位协调，设计单位协调，监理单位协调，检测试验单位协调，施工材料、构配件、设备供应单位协调，分承包单位协调和施工现场人、机、料、法、环综合协调等内容。

（十）工程回访

工程回访主要包括国家规定的土建、水暖、电气等保修年限内，组织巡视、检查、检测、维修、返修、返工等工作的承诺和实施办法。

四、图纸部分

图纸部分是对文字部分形象化的表达，对文字的表述起着至关重要的补充作用，是构成投标技术文件的重要组成部分。对一般工程项目而言，主要需绘制以下几方面的图纸：

施工总布置图，施工进度横道、网络图，各部位施工的风、水、电、交通布置图，各部位主要施工方法图，主要施工工艺流程图，土石方平衡及流向图，料场开采规划布置图，主要临时工厂布置图及生产工艺流程图。

五、编制方法

在实际的工程项目招标过程中，从发售招标文件到投标单位报送投标文件的时间间隔并不长，除去现场踏勘、熟悉招标文件以及打印、装订所需的时间，真正用来编制投标文件的时间非常紧迫。要想在有限的时间里编制出高质量的投标文件，就要想办法提高编制效率。

（一）提纲挈领，各个击破

在对工程招标文件及有关资料进行研究的基础上，根据工程所包含的项目以及计划编写的内容，确定出一个完整的施工组织设计提纲，即列出详细的章节目录，然后按照确定的技术方案、施工方法分别组织技术人员进行编制。

编制时，应由项目技术总负责人全面控制，加强参与人员之间的相互沟通，切忌各自为政、重点不突出、前后不能照应等。

（二）基本素材模块化

快速编制标书的另一个重要办法就是实现基本素材的模块化。对大多数同类型的工程而言，其基本内容大致相同，如主要项目施工工艺，质量保证措施，技术保证措施，工期保证措施，安全保证措施，现场消防保卫措施，安全文明施工保证措施，成品保护措施，冬季、雨季施工保证措施。对于这些内容，可以在平时注意收集各种类型的素材，使收集到的内容在已知领域内尽量做到细而全，以万材应万变。在编制标书时，可以将这些模块化的素材根据需要放在各自的位置上，像搭积木一样，填充标书的内容。

主要的施工方法图、施工工艺流程图、组织机构框架图等也可使之模块化，在需要的时候，搬过来修改一下即可使用，从而有效地节约编制标书的时间。

（三）重点突出、画龙点睛

具体到每个投标项目所需编写的内容，包括工程概况，施工部署，施工总平面布置，施工进度计划，各部位主要施工方案、方法等内容。这些内容要针对具体的工程项目，充分理解设计意图，解决好发包方关注的重点和施工难点，结合现场的实际条件和本企业的施工能力，精心组织，从而最终形成针对性强、重点突出、内容充实的投标文件。

（四）注意事项

编制投标施工组织设计时，一是要着重反映企业的综合实力和技术水平；二是对招标文件要理解透彻，做到考虑全面，充分响应招标文件，并使编制的投标文件紧扣招标文件的规定；三是要收集多种技术资料，做好调查研究工作；四是对制定的施工总体部署和施工方案力求科学性、经济性、实效性，对投标工程项目的主导施工过程、关键部位、特殊部位等施工方法的编制应充分体现企业的技术优势，从抽象到具体、从整体到局部的系统工作，形成系列化的投标文件，使业主和评委能据此判断投标人的技术能力和可知信程度；五是要与商务标相配合，互通信息，以免自相矛盾；六是力求摆正编制者与读者的关系，不掺杂对第三者的褒贬内容；七是要注意文字编排质量，加强内部校核、评审工作，以防条理不清、行文错误等现象出现，给评审者造成一定的困惑；八是要留有事后变更的依据，以免给自己带来被动；九是要将已编制好的投标组织设计文件备份，以便查阅和参考，同时对投标文件编制软件和建立的电子文档加密。

（五）水利工程施工组织设计所需资料

1.施工导流

（1）工程所在河段水文资料、洪水特性、各种频率的流量及洪量、水位流量关系、冬季冰凌情况（北方河流），施工各支沟各种频率洪水、泥石流以及上下游水利水电工程对本工程的影响情况。

（2）工程地点的气温、水温、地温、降水、风、冻层、冰情和雾等气象资料。

（3）工程地点的地形、地质、水文工程地质条件等资料。

（4）枢纽布置图、水工建筑物结构图、泄流能力曲线、水库特性水位及主要水能指标、水库蓄水分析计算、施工期的水库淹没资料等规划设计资料。

（5）有关试验资料。

（6）有关社会经济调查和其他资料。

2.主体工程施工

（1）与各类工程施工有关的水文、气象实测资料和统计分析成果，地形图，工程地质和水文地质平、剖面图，各种数据指标和地质报告。

（2）施工对象的结构特征，布置形式、尺寸，分部位、分高程的细部工程量和平、剖面图。

（3）施工导流、施工总进度、施工总布置和各类施工工厂设施等有关图纸资料。

（4）料场的有关资料及施工需用的原材料、成品、半成品的有关试验数据、指标，各种新材料、新工艺、新技术、新设备的生产性试验或现场试验成果。

（5）有关施工方法的生产人员配备、施工设备的各种性能指标及其实践中的生产能力。

3.施工交通运输

（1）铁路运输：①现有铁路对本工程可能承担的运输能力；②拟与接轨的铁路线及其车站的技术条件，车流情况，运输能力，机车、车辆修理设施规模；③现有桥梁、隧道的极限通过限界；④当地铁路有关部门对该地区的铁路规划和接轨要求。

（2）公路运输：①工程附近可利用的公路情况，如路况、等级标准、纵坡、路面结构、宽度、最小平曲线半径及昼夜最大行车密度等；②桥梁、隧道及其他建筑物的设计标准、跨度、长度、结构形式和通行能力，最大装载限制尺寸；③公路运输能力及费率。

（3）水路运输：①通航河段、里程、船只吨位、吃水深度、船形尺寸，年运输能力，码头吞吐能力及航运有关费率；②利用现有码头的可能性及新建专用码头的地点和要求；③有关部门对航运的要求。

4.施工工厂设施

（1）工程建设地点及附近可能提供的施工场地情况。

（2）当地可提供修理、加工能力的情况。

（3）建筑材料的来源和供应条件调查资料。

（4）施工区水源、电源情况及供应条件。

（5）温度控制设计的有关成果。

5.施工总布置

（1）当地国民经济现状及其发展前景。

（2）可为工程施工服务的建筑、加工制造、修配、运输等企业的规模、生产能力及其发展规划。

（3）现有水陆交通运输条件和通过能力，近、远期发展规划。

（4）水、电以及其他动力供应条件。

（5）当地建筑材料及生活物资供应情况。

（6）施工现场土地状况和征地有关问题。

（7）工程所在地区行政区划图、施工现场地形图及主要临时工程剖面图，三角水准网点等测绘资料。

（8）施工现场范围内的工程地质与水文地质资料。

（9）河流水文资料、当地气象资料。

（10）规划、设计各专业设计成果或中间资料。

（11）主要工程项目定额、指标、单价、运杂费率等。

（12）当地及各有关部门对工程施工的要求。

（13）施工场地范围内的环境保护要求。

6.施工总进度

（1）可行性研究报告及审查意见。

（2）初步设计各专业阶段成果。

（3）工程建设地点的对外交通现状及近期发展规划。

（4）施工期（包括初期蓄水期）通航和下游用水等要求情况。

（5）建筑材料的来源和供应条件调查资料。

（6）施工区水源、电源情况及供应条件。

（7）地方及各部门对工程建设期的要求和意见。

（8）当地可提供修理、加工能力的情况。

（9）当地承包市场及可提供的劳动力情况。

（10）当地可提供的生活必需品的供应情况，居民的生活习惯。

（11）工程所在河段的水文资料、洪水特性、各种频率的流量及洪量、水位流量关系、冬季冰凌情况（北方河流），施工各支沟各种频率洪水、泥石流以及上下游水利水电工程对本工程的影响情况。

（12）工程地点的气温、水温、地温、降水、风、冻层、冰情和雾等气象资料。

（13）工程地点的地形、地质、水文工程地质条件等资料。

（14）与工程有关的国家政策、法律和规定。

第二章　水利建设工程进度管理

第一节　工程进度管理概念

在全面分析建设工程项目的工作内容、工作程序、持续时间和逻辑关系的基础上编制进度计划，力求使拟订的计划具体可行、经济合理，并在计划实施过程中，通过采取有效措施，为确保预定进度目标的实现，而进行的组织、指挥、协调和控制（包括必要时对计划进行调整）等活动，称之为工程项目的进度管理。

项目进度管理是项目管理的一个重要方面，它与项目费用管理、项目质量管理等同为项目管理的重要组成部分。它是保证项目如期完成和合理安排资源供应，节约工程成本的重要措施之一。工程项目进度管理通常有以下几个特点。

一、进度管理是一个动态过程

工程项目通常建设周期较长，随着工程项目的进展，各种内部、外部环境和条件的变化，都会使工程项目本身受到一定的影响。因此，在工程实施过程中，进度计划也应随着环境和条件的改变而做出相应的修改和调整，以保证进度计划的指导性和可行性。

二、进度计划具有很强的系统性

工程项目进度计划是控制工程项目进度的系统性计划体系，既有总的进度计划，又有各个阶段的进度计划，例如，项目前期工作计划、工程设计进度计划、工程施工进度计划等，每个阶段的计划又可分解为若干子项计划，所有这些计划在内容上彼此联系，相互影响。

三、进度管理是一种既有综合性又有创造性的工作

工程项目进度管理不但要沿用前人的管理理论知识，借鉴同类工程项目的进度管理经验和技术成果，而且还要结合工程项目的具体情况，大胆创新。

四、进度管理具有阶段性和不平衡性

工程进展的各个阶段，如工程准备阶段、招投标阶段、勘察设计阶段、施工阶段、竣工阶段等都有明确的起始与完成时间以及不同的工作内容，因此相应的进度计划和实施控制的方式也不相同。

第二节　项目进度管理程序和内容

一、工程项目进度管理程序

工程项目进度管理，需结合工程项目所处环境及其自身特点和内在规律，按照科学合理的方法及程序，采取一系列相关措施，有计划、有步骤地监测和管理项目。一般而言，进度管理按以下程序进行：

（1）确立项目进度目标。

（2）编制工程项目进度计划。

（3）实施工程项目进度计划，经常地、定期地对执行情况进行跟踪检查，收集有关实际进度的资料和数据。

（4）对有关资料进行整理和统计，将实际进度和计划进度进行分析对比。

（5）若发现问题，即实际进度与计划进度对比发生偏差，则根据实际情况采取相应的措施，必要的时候进行计划调整。

（6）继续执行原计划或调整后的计划。重复（3）、（4）、（5）步骤，直至项目竣工，验收合格并移交。

二、工程项目进度管理内容

工程项目进度管理包括两大部分内容，即项目进度计划的编制和项目进度计划的控制。

1.项目进度计划的编制

（1）工程项目进度计划的作用。凡事预则立，不预则废。在项目进度管理上亦是如此。在项目实施之前，必须先制订一个切实可行的、科学的进度计划，然后再按计划逐步实施。这个计划的作用：①为项目实施过程中的进度控制提供依据；②为项目实施过程中的劳动力和各种资源的配置提供依据；③为项目实施有关各方在时间上的协调配合提供依据；④为在规定期限内保质、高效地完成项目提供保障。

（2）工程项目进度计划的分类。①按项目参与方划分，有业主进度计划、承包商进度计划、设计单位进度计划、物资供应单位进度计划等；②按项目阶段划分，有项目前期决策进度计划、勘察设计进度计划、施工招标进度计划、施工进度计划等；③按计划范围划分，有建设工程项目总进度计划，单项（单位）工程进度计划，分部、分项工程进度计划等；④按时间划分，有年度进度计划、季度进度计划、月度进度计划、周进度计划等。

（3）制订项目进度计划的步骤。为满足项目进度管理和各个实施阶段项目进度控制的需要，同一项目通常需要编制各种项目进度计划。这些进度计划的具体内容可能不同，但其制订步骤却大致相似。一般包括收集信息资料、进行项目结构分解、项目活动时间估算、项目进度计划编制等步骤。为保证项目进度计划的科学性和合理性，在编制进度计划前，必须收集真实、可靠的信息资料，以作为编制计划的依据。这些信息资料包括项目开工及投产的日期，项目建设的地点及规模，设计单位各专业人员的数量、工作效率、类似工程的设计经历及质量，现有施工单位资质等级、技术装备、施工能力、类似工程的施工状况，国家有关部门颁发的各种有关定额等资料。

工作结构分解是指根据项目进度计划的种类、项目完成阶段的分工、项目进度控制精度的要求，以及完成项目单位的组织形式等情况，将整个项目分解成一系列相关的基本活动。这些基本活动在进度计划中通常也被称为工作。项目活动时间估算是指在项目分解完毕后，根据每个基本活动工作量的大小、投入资源的多少，及完成该基本活动的条件限制等因素，估算完成每个基本活动所需的时间。项目进度计划编制就是在上述工作的基础上，根据项目各项工作完成的先后顺序要求和组织方式等条件，通过分析计算，将项目完成的时间，各项工作的先后顺序、期限等要素用图表形式表示出来，这些图表即是项目进度计划。

2.项目进度计划的控制

项目进度控制，是指制订项目进度计划以后，在项目实施过程中，对实施进展情况进行的检查、对比、分析、调整，以确保项目进度计划总目标得以实现的活动。

在项目实施过程中，必须经常检查项目的实际进展情况，并与项目进度计划进行比较。如果实际进度与计划进度相符，则表明项目完成情况良好，进度计划总目标的实现有保证。如果实际进度已偏离了计划进度，则应分析产生偏差的原因和对后续工作及项目进度计划总目标的影响，找出解决问题的办法和避免进度计划总目标受影响的切实可行的措施，并根据这些办法和措施，对原项目进度计划进行修改，使之符合现在的实际情况并保证原项目进度计划总目标得以实现。然后再进行新的检查、对比分析、调整，直至项目最终完成。

三、工程项目进度管理的方法

（一）工程项目进度计划的表示方法

工程项目进度计划的主要表达形式有横道图、垂直图、网络图、进度曲线、里程碑计划、形象进度图等。这些进度计划的表达形式通常是相互配合使用的，以供不同部门、层次的进度管理人员使用。

1.横道图

横道图，也称为甘特图，是1917年美国人甘特发明的，经长期应用与改进，已成为一种被广泛应用的进度计划表示方法。横道图的左边按活动的先后顺序列出项目的活动名称，图右边是进度标，图上边的横栏表示时间，用水平线段在时间坐标下标出项目的进度线，水平线段的位置和长短反映该项目从开始至完工的时间（图2-1）。利用横道图可将每天、每周或每月的实际进度情况定期记录在图表上。

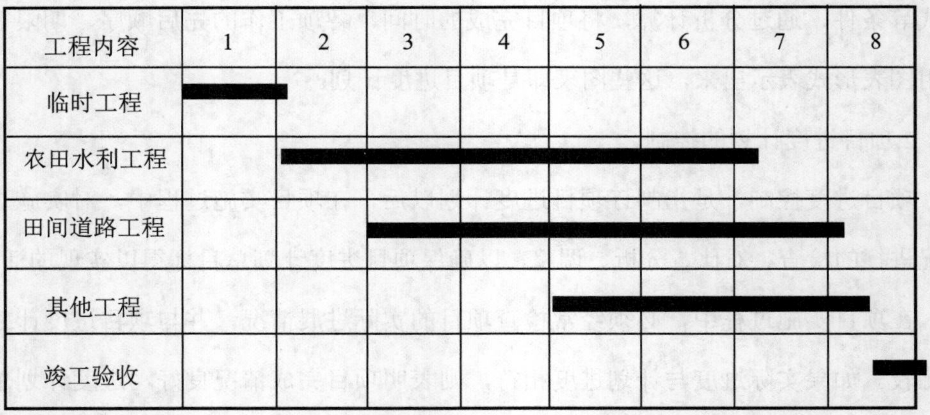

工程内容	1	2	3	4	5	6	7	8
临时工程								
农田水利工程								
田间道路工程								
其他工程								
竣工验收								

图2-1　以横道图表示的进度计划

这种方法简单明了、易于掌握，便于检查和计算资源需求情况。然而这种方法也存在缺点：不能明确地反映出各项工作之间的逻辑关系；当一些工作不能按计划实施时，无法分析其对后续工作和总工期的影响；不能明确关键工作和关键线路。因此，难以对计划执行过程中出现的问题做出准确的分析，不利于调整计划，发掘潜力，进行合理安排，也不利于工期和费用的优化。

2.垂直图

垂直图比较法以横轴表示时间，纵轴表示各工作累计完成的百分比或施工项目的分段，图中每一条斜线表示其中某一工作的实施进度（图2-2）。这种方法常用于具有重复性工作的工程项目（铁路、公路、管线等）的进度管理。

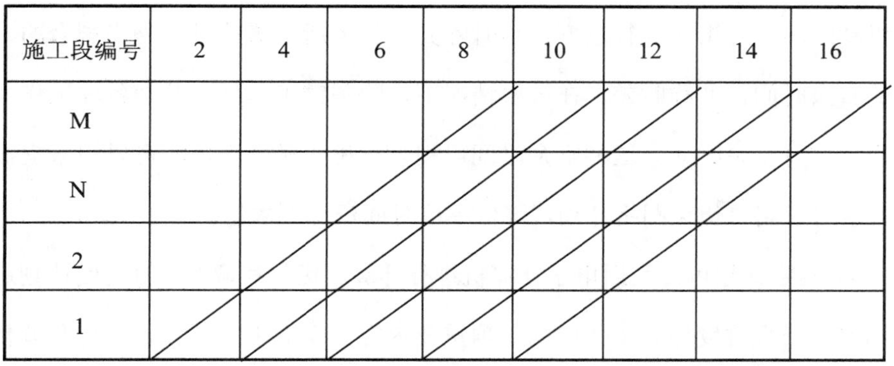

施工段编号	2	4	6	8	10	12	14	16
M								
N								
2								
1								

图 2-2　以垂直图表示的进度计划

3.网络图

网络图是由箭线和节点组成的，用来表示工作流程的有向、有序网状图形。它首先将整个工程项目分解为一个个独立的子项作业任务（工作），然后按这些工作之间的逻辑关系，从左至右用节点和箭线连接起来，绘制成表示工程项目所包含的全部工作连接关系的网状图形。网络计划具有以下特点：

（1）网络计划能够明确表达各项工作之间的逻辑关系。所谓逻辑关系，是指各项工作的先后顺序关系。网络计划能够明确地表达各项工作之间的逻辑关系，对于分析各项工作之间的相互影响及处理其间的协作关系具有非常重要的意义，同时这也是网络计划比横道计划先进的主要特征。

（2）通过网络计划时间参数的计算，可以找出关键线路和关键工作。在关键线路法（Critical Path Method，简称 CPM）中，关键线路是指在网络计划中从起点节点开始，沿箭线方向通过一系列箭线与节点，最后到达终点节点为止所形成的通路上所有工作持续时间总和最大的线路。关键线路上各项工作持续时间总和即为网络计划的工期，关键线路上的工作就是关键工作，关键工作的进度将直接影响到网络计划的工期。通过时间参数的计算，能够明确网络计划中的关键线路和关键工作，也就明确了工程进度控制中的工作重点，这对提高建设工程进度控制的效果具有非常重要的意义。

（3）通过网络计划的时间参数的计算，可以明确各项工作的机动时间。所谓工作的机动时间，是指在执行进度计划时除完成任务所必需的时间外尚剩余的、可供利用的富余时间，亦称时差。在一般情况下，除关键工作外，其他各项工作（非关键工作）均有富余时间。这种富余时间可视为一种“潜力”，既可以用来支援关键工作，也可以用来优化网络计划，降低单位时间资源需求量。

（4）网络计划可以利用电子计算机进行计算、优化和调整。对进度计划进行优化和调整是工程进度控制工作中的一项重要内容。仅靠手工计算、优化和调整是非常困难的，加之影响建设工程进度的因素有很多，只有利用电子计算机进行计划的优化和调整，才能适应实际变化的要求。

4.进度曲线

进度曲线是以时间为横轴，以完成的累积工作量为纵轴，按计划时间累计完成任务量的曲线作为预定的进度计划。这种累计工程量的具体表示内容可以是实物工程量的大小、工时消耗或费用支出额，也可以用相应的百分比来表示。从整个工程的时间范围来看，由于工程项目在初期和后期单位时间投入的资源量较少，中期投入较多，因而累计完成的任务量呈 S 形，也称 S 曲线（图 2-3）。

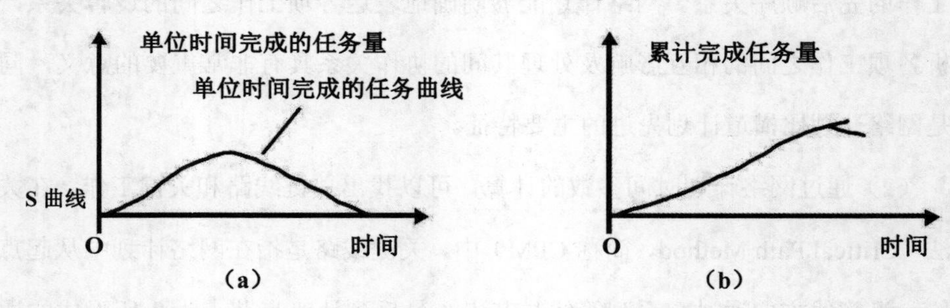

图 2-3　以进度曲线表示的进度计划

5.里程碑计划

里程碑计划是在横道图上标示出一些关键事项，这些事项能够明显地被确认，一般用来反映进度计划执行中各个施工子项目或施工阶段的目标。通过这些关键事项在一定时间内的完成情况可反映工程项目进度计划的进展情况，因而这些关键事项被称为里程碑。如在小浪底水利枢纽工程中，承包商在进度计划中确定了 13 个完工日期和最终完工日期作为工程里程碑，目标明确，便于控制工程进度，也使工程总进度目标的实现建立在可靠的基础上。里程碑需要与横道图和网络图结合使用。

6.形象进度图

结合工程特点绘制进度计划图，如隧洞开挖与衬砌工程，可以在隧洞示意图上以不同颜色或标记表示工程进度。形象进度图的主要特点是形象、直观。

（二）工程项目进度控制方法

项目进度计划实施过程中的控制方法就是上述的动态控制方法，即以项目进度计划为依据，在实施过程中不断跟踪检查实施情况，收集有关实际进度的信息，比较和分析实际进度与计划进度的偏差，找出偏差产生的原因和解决办法，确定调整措施，对原进度计划进行修改后再予以实施。随后继续检查、分析、修正，再检查、分析、修正……直至项目最终完成。整个项目实施过程都处在动态的检查修正过程之中。要求项目不折不扣地按照原定进度计划实施的做法是不现实的，也是不科学的。所以，只能是在不断检查分析调整中来对项目进度计划的实施加以控制，以保证其最大限度地符合变化后的实施条件，并最终实现项目进度计划总目标。

第三章　水利水电工程建设的招标投标

第一节　招标投标的基本概念

一、招标投标的制度发展

招标投标是一种国际上普遍运用的、有组织的市场交易行为，是贸易中的一种工程、货物、服务的买卖方式。在这种采购方式中，买方（招标人）通过事先公开的采购要求，吸引众多的卖方（投标人）平等参与竞争，按照规定程序并组织技术、经济和法律等方面专家对众多的投标人进行综合评审，从中择优选定中标人。其实质是买方穷其办法选择卖方的过程。

（一）国外招标投标的发展历史

1782 年英国政府首先成立了“文具公用局”，规定凡属于各个机关公文之印刷、用具之购买，均归其司掌，此为近代政府采购制度的开端。

1809 年美国通过了第一部关于要求密封投标的法律。1861 年，美国通过了一项联邦法案，规定超过一定金额的联邦政府采购都必须使用公开招标方式，并要求一项采购至少需要 3 个投标人，此为首创投标不得少于 3 人的规定。

（二）我国招标投标的发展历史

由于种种历史原因，招标投标制度在我国起步较晚。我国的招标投标制度发展大致经历了探索与建立、发展与规范和完善与推广 3 个阶段。从中华人民共和国成立初期到 1978 年中国共产党十一届三中全会以前，由于我国实行的一直是计划经济体制，招标曾一度被中止。在十一届三中全会以后，中国开始实行改革开放政策，计划经济体制也有所松动，相应的招标投标制度开始获得发展。但是，20 世纪 80

年代，我国的招标投标主要侧重在宣传和实践，还处于社会主义计划经济体制下的一种探索与建立阶段。20 世纪 80 年代中期到 20 世纪 90 年代末，我们的招标投标制度经历了试行—推广—兴起的发展过程。1984 年 11 月，《建设工程招标投标暂行规定》的制定拉开了招标投标制度的序幕，从 20 世纪 90 年代初期到中后期，招标方式已经从以议标为主转变为以邀标为主。1994 年，我国进口体制实行了重大改革，使得专职招标机构开始逐步向市场化的自由竞争转型。至此，我国的招标投标制度开始与国际接轨且完成了发展和规范阶段。

2000 年 1 月 1 日，《中华人民共和国招标投标法》正式颁布实施，标志着我国招标投标制度的发展进入了全新的历史阶段，我国的招标投标制度从此走上了完善的轨道。与此同时，各高校也开设了与招标投标有关的专业和课程，开始培养相关人才。我国正处于改革开放的年代，正在努力实现社会的科学发展、和谐发展。为了使我国能够实现经济增长方式的根本转变，加强科技创新和资源配置能力的培养是非常有必要的，而招标投标具备这一功能。因此，推行招标投标机制具有十分重要的现实意义。

2001 年 7 月 5 日国家发展计划委员会（以下简称国家计委）等七部委联合发布《评标委员会和评标办法暂行规定》。其中有 3 个重大突破：关于低于成本价的认定标准、关于中标人的确定条件、关于最低价中标的原则。在这里第一次明确了最低价中标的原则。这与国际惯例是接轨的。这一评标定标原则必然给我国现行的定额管理带来冲击。在这一时期，中华人民共和国住房和城乡建设部（以下简称建设部）也连续颁布了第 79 号令《工程建设项目招标代理机构资格认定办法》、第 89 号令《房屋建筑和市政基础设施工程施工招标投标管理办法》以及《房屋建筑和市政基础设施工程施工招标文件范本》（2003 年 1 月 1 日施行）、第 107 号令《建筑工程施工发包与承包计价管理办法》（2001 年 11 月）等，对招投标活动及其承发包中的计价工作做出了进一步的规范。

中华人民共和国水利部（以下简称水利部）2001 年 10 月颁布的《水利工程建设

项目招标投标管理规定》，标志着根据中华人民共和国《招标投标法》（以下简称《招标投标法》）及国家有关规定，适用于水利工程建设需要的新的招标投标制度开始建立。根据《水利工程建设项目招标投标管理规定》，水利部陆续颁布了《水利工程建设项目建设监理招标投标管理办法》《水利工程建设项目建设重要设备及材料招标投标管理办法》，与其他部委联合颁发了《工程建设项目施工招标投标管理办法》《工程建设项目勘察设计招标投标办法》《评标委员会和评标方法暂行规定》等。因此，总体上水利工程建设项目招标投标的制度已经基本建立。

二、水利工程招标投标的基本概念

招标投标是在市场经济条件下进行工程建设、货物买卖、财产出租、中介服务等经济活动的一种竞争形式和交易方式，是引入竞争机制订立合同（契约）的一种法律形式。

1.招标

水利工程招标是指水利工程建设单位（业主）或其委托的招标代理人（一般统称为“招标人”）就拟建水利工程的规模、工程等级、设计阶段、设计图纸、质量标准等有关条件，公开或非公开地邀请投标人报出工程价格，做出合理的实施方案，在规定的日期开标，从而择优选择工程承包商的过程。

2.投标

水利工程投标，就是承包商在同意建设单位拟定的招标文件所提出的各项条件的前提下，对招标项目进行报价并提出合适的实施方案。投标单位获得投标资料以后，在认真研究招标文件的基础上，掌握好价格、工期、质量、物资等几个关键要素，根据招标文件的要求和条件，在符合招标项目质量要求的前提下，对招标项目估算价格、提出合理的实施方案，按照招标人的要求在规定的期限内向招标人递交投标资料，争取“中标”，这个过程就是投标。

3.标底

标底是由业主组织专业人员为准备招标的那一部分工程或设备，或工程和设备都有而计算出的一个合理的基本价格。它不等于工程（或设备）的概（预）算，也不等于合同价格。标底是招标单位的绝密资料，不能向任何无关人员泄露。我国国内大部分工程在招标评标时，均以标底上下的一个幅度为判断投标是否合格的条件。在建设工程招标投标活动中，标底的编制是工程招标中重要的环节之一，是评标、定标的重要依据，是选定中标单位的一个重要参考指标。每一个招标项目只允许有一个标底。

三、工程建设项目招标的范围和规模标准

（一）建设项目招标的范围和规模标准

1.《招标投标法》的规定

凡在中华人民共和国境内进行下列工程建设项目，包括项目的勘察、设计、施工、监理以及与工程建设有关的重要设备、材料等的采购，必须进行招标。一般包括：

（1）大型基础设施、公用事业等关系社会公共利益、公共安全的项目。

（2）全部或者部分使用国有资金投资或国家融资的项目。

（3）使用国际组织或者外国政府贷款、援助资金的项目。

2.国家计委对上述工程建设项目招标范围和规模标准做出的具体规定

（1）关系社会公共利益、公众安全的基础设施项目的范围包括：

①煤炭、石油、天然气、电力、新能源等能源项目。

②铁路、公路、管道、水运、航空以及其他交通运输业等交通运输项目。

③邮政、电信枢纽、通信、信息网络等邮电通信项目。

④防洪、灌溉、排涝、引（供）水、滩涂治理、水土保持、水利枢纽等水利项目。

⑤道路、桥梁、地铁和轻轨交通、污水排放及处理、垃圾处理、地下管道、公共停车场等城市设施项目。

⑥生态环境保护项目。

⑦其他基础设施项目。

（2）关系社会公共利益、公众安全的公用事业项目的范围包括：

①供水、供电、供气、供热等市政工程项目。

②科技、教育、文化等项目。

③体育、旅游等项目。

④卫生、社会福利等项目。

⑤商品住宅，包括经济适用住房。

⑥其他公用事业项目。

（3）使用国有资金投资项目的范围包括：

①使用各级财政预算资金的项目。

②使用纳入财政管理的各种政府性专项建设基金的项目。

③使用国有企业事业单位自有资金，并且国有资产投资者实际拥有控制权的项目。

（4）国家融资项目的范围包括：

①使用国家发行债券所筹资金的项目。

②使用国家对外借款或者担保所筹资金的项目。

③使用国家政策性贷款的项目。

④国家授权投资主体融资的项目。

⑤国家特许的融资项目。

（5）使用国际组织或者外国政府资金的项目的范围包括：

①使用世界银行、亚洲开发银行等国际组织贷款资金的项目。

②使用外国政府及其机构贷款资金的项目。

③使用国际组织或者外国政府援助资金的项目。

（6）第（1）条至第（5）条规定范围内的各类工程建设项目，包括项目的勘察、设计、施工、监理以及与工程建设有关的重要设备、材料等的采购，达到下列标准之一的，必须进行招标。

①施工单项合同估算价在200万元人民币以上的。

②重要设备、材料等货物的采购，单项合同估算价在100万元人民币以上的。

③勘察、设计、监理等服务的采购，单项合同估算价在50万元人民币以上的。

④单项合同估算价低于第①、②、③项规定的标准，但项目总投资额在3000万元人民币以上的。

（7）依法必须进行招标的项目，全部使用国有资金投资或者国有资金投资占控股主导地位的，应当公开招标。

3.建设部第89号令《房屋建筑和市政基础设施工程施工招标投标管理办法》中的规定

对于涉及国家安全、国家秘密、抢险救灾或者属于利用扶贫资金实行以工代赈、需要使用农民工等特殊情况，不适宜进行招标的项目，按照国家有关规定可以不进行招标。凡按照规定应该招标的工程不进行招标，应该公开招标的工程不公开招标的，招标单位所确定的承包单位一律无效。建设行政主管部门按照《中华人民共和国建筑法》（以下简称《建筑法》）第八条的规定，不予颁发施工许可证，对于违反规定擅自施工的，依据《建筑法》第六十四条的规定，追究其法律责任。

（二）水利工程建设项目招标的具体范围和规模标准

《水利工程建设项目招标投标管理规定》第三条规定，符合下列具体范围并达到规模标准之一的水利工程建设项目必须进行招标。

1.具体范围

（1）关系社会公共利益、公共安全的防洪、排涝、灌溉、水力发电、引（供）水、滩涂治理、水土保持、水资源保护等水利工程建设项目。

（2）使用国有资金投资或者国家融资的水利工程建设项目。

（3）使用国际组织或者外国政府贷款、援助资金的水利工程建设项目。

2.规模标准

（1）施工单项合同估算价在200万元人民币以上的。

（2）重要设备、材料等货物的采购，单项合同估算价在100万元人民币以上的。

（3）勘察设计、监理等服务的采购，单项合同估算价在50万元人民币以上的。

（4）项目总投资额在3000万元人民币以上，但分标单项合同估算价低于本项第（1）、（2）、（3）项规定的标准的项目，原则上都必须招标。

3.依法可不进行招标的项目

《水利工程建设项目招标投标管理规定》第十二条规定下列项目可不进行招标，但须经项目主管部门批准。

（1）涉及国家安全、国家秘密的项目。

（2）应急防汛、抗旱、抢险、救灾等项目。

（3）项目中经批准使用农民投工、投劳施工的部分（不包括该部分中勘察设计、监理和重要设备、材料采购）。

（4）不具备招标条件的公益性水利工程建设项目的项目建议书和可行性研究报告。

（5）采用特定专利技术或特有技术的项目。

（6）其他特殊项目。

四、工程招标的方式

工程项目招标的方式在国际上通行的为公开招标、邀请招标和议标，但《中华人民共和国招投标法》未将议标作为法定的招标方式，即法律所规定的强制招标项目不允许采用议标方式，主要因为我国国情与建筑市场的现状条件，不宜采用议标方式，但法律并不排除议标方式。

（一）公开招标

1.定义

公开招标又称为无限竞争招标，是由招标单位通过报刊、广播、电视等方式发布招标广告，有投标意向的承包商均可参加投标资格审查，审查合格的承包商可购买或领取招标文件，参加投标的招标方式。

2.公开招标的特点

公开招标方式的优点：投标的承包商多、竞争范围大，业主有较大的选择余地，有利于降低工程造价，提高工程质量和缩短工期。其缺点是：由于投标的承包商多，招标工作量大，组织工作复杂，需投入较多的人力、物力，招标过程所需时间较长，因而此类招标方式主要适用于投资额度大、工艺结构复杂的较大型工程建设项目。公开招标的特点一般表现为以下几个方面：

（1）公开招标是最具竞争性的招标方式。它参与竞争的投标人数量最多，且只要符合相应的资质条件便不受限制，只要承包商愿意便可参加投标，在实际生活中，常常少则十几家，多则几十家，甚至上百家，因而竞争程度最为激烈。它可以最大限度地为一切有实力的承包商提供一个平等竞争的机会，招标人也有最大容量的选择范围，可在为数众多的投标人之间择优选择一个报价合理、工期较短、信誉良好的承包商。

（2）公开招标是程序最完整、最规范、最典型的招标方式。它形式严密，步骤完整，运作环节环环相扣。公开招标是适用范围最为广阔、最有发展前景的招标方式。在国际上，谈到招标通常都是指公开招标。在某种程度上，公开招标已成为招标的代名词，因为公开招标是工程招标通常使用的方式。在我国，通常也要求招标必须采用公开招标的方式进行。凡属招标范围的工程项目，一般首先必须要采用公开招标的方式。

（3）公开招标也是所需费用最高、花费时间最长的招标方式。由于竞争激烈，程序复杂，组织招标和参加投标需要做的准备工作和需要处理的实际事务比较多，特别是编制、审查有关招标投标文件的工作十分浩繁。

（二）邀请招标

1.定义

邀请招标又称为有限竞争性招标。这种方式不发布广告，业主根据自己的经验和所掌握的各种信息资料，向有承担该项工程施工能力的3个以上（含3个）承包商发出投标邀请书，收到邀请书的单位有权利选择是否参加投标。邀请招标与公开招标一样都必须按规定的招标程序进行，要制订统一的招标文件，投标人都必须按招标文件的规定进行投标。

2.邀请招标的特点

邀请招标方式的优点：参加竞争的投标商数目可由招标单位控制，目标集中，招标的组织工作较容易，工作量比较小。其缺点是：由于参加的投标单位相对较少，竞争性范围较小，使招标单位对投标单位的选择余地较少，如果招标单位在选择被邀请的承包商前所掌握信息资料不足，则会失去发现最适合承担该项目的承包商的机会。

（三）水利工程建设项目招标分为公开招标和邀请招标

《水利工程建设项目招标投标管理规定》规定：

依法必须招标的项目中，国家重点水利项目、地方重点水利项目及全部使用国有资金投资或者国有资金投资占控股或者主导地位的项目应当公开招标，但有下列情况之一的，按规定经批准后可采用邀请招标。

（1）项目总投资额在3000万元人民币以上，但分标单项合同估算价低于必须公开招标限额的项目。

（2）项目技术复杂，有特殊要求或涉及专利权保护，受自然资源或环境限制，新技术或技术规格事先难以确定的项目。

（3）应急度汛项目。

（4）其他特殊项目。

符合规定，采用邀请招标的，招标前招标人必须履行下列批准手续。

（1）国家重点水利项目经水利部初审后，报国家发展计划委员会批准；其他中央项目报水利部或其委托的流域管理机构批准。

（2）地方重点水利项目经省、自治区、直辖市人民政府水行政主管部门会同同级发展计划行政主管部门审核后，报本级人民政府批准；其他地方项目报省、自治区、直辖市人民政府水行政主管部门批准。

五、政府行政主管部门对招标投标的监督

（一）依法核查必须采用招标方式选择承包单位的建设项目

《招标投标法》规定，任何单位和个人不得将必须进行招标的项目化整为零或者以其他任何方式规避招标。如果发生此类情况，有权责令改正，可以暂停项目执行或者暂停资金拨付，并对单位负责人或其他直接责任人依法给予行政处分或纪律处分。《招标投标法》规定，实施工程项目建设，包括项目的勘察、设计、施工、监理以及与工程建设有关的重要设备、材料等的采购，必须进行招标的范畴包括：

（1）大型基础设施、公用事业等关系社会公共利益、公众安全的项目。

（2）全部或者部分使用国有资金投资或者国家融资的项目。

（3）使用国际组织或者外国政府贷款、援助资金的项目。

具体实施办法细则还需遵从国务院有关部门制定的范围和规模标准执行。

（二）对招标项目的监督

工程项目的建设应当按照建设管理程序进行。招标项目按照国家有关规定需要履行项目审批手续的，应当先履行审批手续取得批准。当工程项目的准备情况满足招标条件时，招标单位应向建设行政主管部门提出申请。为了保证工程项目的建设

符合国家或地方总体发展规划，以及能使招标后工作顺利进行，因此不同标的的招标均需满足相应的条件。

1.前期准备应满足的要求

（1）建设工程已批准立项。

（2）向建设行政主管部门履行了报建手续，并取得批准。

（3）建设资金能满足建设工程的要求，符合规定的资金到位率。

（4）建设用地已依法取得，并领取了建设工程规划许可证。

（5）技术资料能满足招标投标的要求。

（6）法律、法规、规章规定的其他条件。

2.对招标人的招标能力要求

（1）是法人或依法成立的其他组织。

（2）有与招标工作相适应的经济、法律咨询和技术管理人员。

（3）有组织编制招标文件的能力。

（4）有审查投标单位资质的能力。

（5）有组织开标、评标、定标的能力。

3.招标代理机构的资质条件

招标代理机构是依法成立的组织，与行政机关和其他国家机关没有隶属关系。为了保证完满地完成代理业务，必须取得建设行政主管部门的资质认定。招标代理机构应具备的基本条件包括：

（1）有从事招标代理业务的营业场所和相应资金。

（2）有能够编制招标文件和组织评标的相应专业力量。

（3）有可以作为评标委员会成员人选的技术、经济等方面的专家库。对“专家库”的要求包括①专家人选：应是从事相关领域工作满 8 年并具有高级职称或具有同等专业水平的技术、经济等方面的人员；②专业范围：专家的专业特长应能涵盖本行业或专业招标所需的各个方面；③人员数量：应能满足建立专家库的要求。

（三）对招标有关文件的核查备案

招标人有权依据工程项目特点编写与招标有关的各类文件，但内容不得违反法律规范的相关规定。建设行政主管部门核查的内容主要包括：

1.对投标人资格审查文件的核查

（1）不得以不合理条件限制或排斥潜在投标人。为了使招标人能在较广泛范围内优选最佳投标人，以及维护投标人进行平等竞争的合法权益，不允许在资格审查文件中以任何方式限制或排斥本地区、本系统以外的法人或其他组织参与投标。

（2）不得对潜在投标人实行歧视待遇。为了维护招标投标的公平、公正原则，不允许在资格审查标准中针对外地区或外系统投标人设立压低分数的条件。

（3）不得强制投标人组成联合体投标。以何种方式参与投标竞争是投标人的自主行为，他可以选择单独投标，也可以作为联合体成员与其他人共同投标，但不允许既参加联合体又单独投标。

2.对招标文件的核查

（1）招标文件的组成是否包括招标项目的所有实质性要求和条件，以及拟签订合同的主要条款，能使投标人明确承包工作范围和责任，并能够合理预见风险编制投标文件。

（2）招标项目需要划分标段时，承包工作范围的合同界限是否合理。承包工作范围可以是包括勘察设计、施工、供货的一揽子交钥匙工程承包，也可以按工作性质划分成勘察、设计、施工、物资供应、设备制造或监理等的分项工作内容承包。施工招标的独立合同包括的工作范围应是整个工程、单位工程或特殊专业工程的施工内容，不允许肢解工程招标。

（3）招标文件是否有限制公平竞争的条件。在文件中不得要求或标明特定的生产供应者以及含有倾向或排斥潜在投标人的其他内容。主要核查是否有针对外地区或外系统设立的不公正评标条件。

（四）对开标、评标和定标活动的监督

建设行政主管部门派员参加开标、评标、定标的活动，监督招标人按法定程序选择中标人。所派人员不作为评标委员会的成员，也不得以任何形式影响或干涉招标人依法选择中标人的活动。

（五）查处招标投标活动中的违法行为

《招标投标法》明确规定，有关行政监督部门有权依法对招标投标活动中的违法行为进行查处。视情节和对招标的影响程度，承担后果责任的形式可以为判定招标无效，责令改正后重新招标；对单位负责人或其他直接责任者给予行政或纪律处分；没收非法所得，并处以罚款；构成犯罪的，依法追究刑事责任。

第二节　水利工程建设项目招标与投标

一、水利工程招标投标工作流程

水利工程招标投标程序是指水利工程活动按照一定的时间、空间顺序运作的顺序、步骤和方式。始于发布招标邀请书，终于发出中标通知书，其间大致经历了招标、投标、开标、评标、定标几个主要阶段。

水利工程招标投标程序开始前的准备工作和结束后的工作，不属于水利工程招标投标的程序之列，但应纳入整个工作流程中，报建登记，是招标前的一项主要工作；签订合同，是招标投标的目的和结果，也是招标工作的一项主要工作但不是程序。

公开招标流程：含以上流程的所有环节。邀请招标：不含资格预审。

二、水利工程施工招标

从招标人的角度看，水利工程招标的一般程序主要经历以下几个环节：

（1）设立招标组织或者委托招标代理人。

（2）申报招标申请书、招标文件、评标定标办法和标底（实行资格预审的还要申报资格预审文件）。

（3）发布招标公告或者发出投标邀请书。

（4）对投标资格进行审查。

（5）分发招标文件和有关资料，收取投标保证金。

（6）组织投标人踏勘现场，对招标文件进行答疑。

（7）成立评标组织，召开开标会议（实行资格后审的还要进行资格审查）。

（8）审查投标文件，澄清投标文件中不清楚的问题，组织评标。

（9）择优定标，发出中标通知书。

（10）将合同草案报送审查，签订合同。

（一）设立招标组织或者委托招标代理人

应当招标的工程建设项目，办理报建登记手续后，凡已满足招标条件的，均可组织招标，办理招标事宜。招标组织者组织招标必须具有相应的组织招标的资质。

根据招标人是否具有招标资质，可以将组织招标分为两种情况：

1.招标人自己组织招标

由于工程招标是一项经济性、技术性较强的专业民事活动，因此招标人自己组织招标，必须具备一定的条件，设立专门的招标组织，经招标投标管理机构审查合格，确认其具有编制招标文件和组织评标的能力，能够自己组织招标后，发给招标组织资质证书。招标人只有持有招标组织资质证书的，才能自己组织招标、自行办理招标事宜。

2.招标人委托招标代理人代理组织招标、代为办理招标事宜

招标人取得招标组织资质证书的，任何单位和个人不得强制其委托招标代理人代理组织招标、办理招标事宜。招标人未取得招标组织资质证书的，必须委托具备相应资质的招标代理人代理组织招标、代为办理招标事宜。这是为保证工程招标的

质量和效率，适应市场经济条件下代理业的快速发展而采取的管理措施，也是国际上的通行做法。现代工程交易的一个明显趋势是工程总承包日益受到重视和提倡。在实践中，工程总承包中标的总承包单位作为承包范围内工程的招标人，如已领取招标组织资质证书的，也可以自己组织招标；如不具备自己组织招标条件的，则必须委托具备相应资质的招标代理人组织招标。

招标人委托招标代理人代理招标，必须与之签订招标代理合同（协议）。招标代理合同，应当明确委托代理招标的范围和内容，招标代理人的代理权限和期限，代理费用的约定和支付，招标人应提供的招标条件、资料和时间要求，招标工作安排，以及违约责任等主要条款。一般来说，招标人委托招标代理人代理后，不得无故取消委托代理，否则要向招标代理人赔偿损失，招标代理人有权不退还有关招标资料。在招标公告或投标邀请书发出前，招标人取消招标委托代理的，应向招标代理人支付招标项目金额0.2%的赔偿费；在招标公告或投标邀请书发出后开标前，招标人取消招标委托代理的，应向招标代理人支付招标项目金额1%的赔偿费；在开标后招标人取消招标委托代理的，应向招标代理人支付招标项目金额2%的赔偿费。招标人和招标代理人签订的招标代理合同，应当报政府招标投标管理机构备案。

（二）办理招标备案手续，申报招标的有关文件

招标人在依法设立招标组织并取得相应招标组织资质证书，或者书面委托具有相应资质的招标代理人后，就可开始组织招标、办理招标事宜。招标人自己组织招标、自行办理招标事宜或者委托招标代理人代理组织招标、代为办理招标事宜的，应当向有关行政监督部门备案。

实践中，各地一般规定，招标人进行招标，要向招标投标管理机构申报招标申请书。招标申请书经批准后，就可以编制招标文件、评标定标办法和标底，并将这些文件报招标投标管理机构批准。招标人或招标代理人也可在申报招标申请书时，一并将已经编制完成的招标文件、评标定标办法和标底，报招标投标管理机构批准。经招标投标管理机构对上述文件进行审查认定后，就可发布招标公告或发出投标邀

请书。

招标申请书是招标人向政府主管机构提交的要求开始组织招标、办理招标事宜的一种文书。其主要内容包括：招标工程具备的条件、招标的工程内容和范围、拟采用的招标方式和对投标人的要求、招标人或者招标代理人的资质等。

制作或填写招标申请书，是一项实践性很强的基础工作，要充分考虑不同招标类型的不同特点，按规范化的要求进行。

（三）发布招标公告或者发出投标邀请书

1.采用公开招标方式

招标人要在报纸、杂志、广播、电视等大众传媒或工程交易中心公告栏上发布招标公告，招请一切愿意参加工程投标的不特定的承包商申请投标资格审查或申请投标。

在国际上，对公开招标发布招标公告有两种做法。

（1）实行资格预审（在投标前进行资格审查）的，用资格预审通告代替招标公告，即只发布资格预审通告即可。通过发布资格预审通告，招请一切愿意参加工程投标的承包商申请投标资格审查。

（2）实行资格后审（在开标后进行资格审查）的，不发资格审查通告，而只发招标公告。通过发布招标公告，招请一切愿意参加工程投标的承包商申请投标。

我国各地的做法，习惯上都是在投标前对投标人进行资格审查。这应属于资格预审，但常常不一定按国际上的通行做法进行，不太注意对资格预审通告和招标公告在使用上的区分，只要使用其一表达了意思即可。

2.采用邀请招标方式

招标人要向 3 个以上具备承担招标项目能力、资信良好的特定的承包商发出投标邀请书，邀请他们申请投标资格审查，参加投标。

采用议标方式的，由招标人向拟邀请参加议标的承包商发出投标邀请书（也有称之为议标邀请书的），向参加议标的单位介绍工程情况和对承包商的资质要求等。

3.投标邀请书的内容

公开招标的招标公告和邀请招标、议标的投标邀请书，在内容要求上不尽相同。实践中，议标的投标邀请书常常比邀请招标的投标邀请书要简化一些，而邀请招标的投标邀请书则和招标公告差不多。

一般说来，公开招标的招标公告和邀请招标的投标邀请书，应当载明以下几项内容：①招标人的名称、地址及联系人姓名、电话；②工程情况简介，包括项目名称、性质、数量、投资规模、工程实施地点、结构类型、装修标准、质量要求、时间要求等；③承包方式，材料、设备供应方式；④对投标人的资质和业绩情况的要求及应提供的有关证明文件；⑤招标日程安排，包括发放、获取招标文件的办法、时间、地点，投标地点及时间、现场踏勘时间、投标预备会时间、投标截止时间、开标时间、开标地点等；⑥对招标文件收取的费用（押金数额）；⑦其他需要说明的问题。

（四）对投标资格进行审查

1.公开招标资格预审和资格后审

公开招标资格预审和资格后审的主要内容是一样的，都是审查投标人的下列情况：

（1）投标人组织与机构，资质等级证书，独立订立合同的权利。

（2）近 3 年来的工程情况。

（3）目前正在履行的合同情况。

（4）履行合同的能力，包括专业、技术资格和能力，资金、财务、设备和其他物质状况，管理能力，经验、信誉和相应的工作人员、劳力等情况。

（5）受奖、罚的情况和其他有关资料，没有处于被责令停业，财产被接管或查封、扣押、冻结、破产状态，在近 3 年（包括其董事或主要职员）没有与骗取合同有关的犯罪或严重违法行为。投标人应向招标人提交能证明上述条件的法定证明文件和相关资料。

2.采用邀请招标方式时，对投标人进行资格审查

采用邀请招标方式时，招标人对投标人进行投标资格审查，是通过对投标人按照投标邀请书的要求提交或出示的有关文件和资料进行验证，确认自己的经验和所掌握的有关投标人的情况是否可靠、有无变化。在各地实践中，通过资格审查的投标人名单，一般要报经招标投标管理机构进行投标人投标资格复查。

邀请招标资格审查的主要内容，一般应当包括：

（1）投标人组织与机构的营业执照、资质等级证书。

（2）近3年完成工程的情况。

（3）目前正在履行的合同情况。

（4）资源方面的情况，包括财务、管理、技术、劳力、设备等情况。

（5）受奖、罚的情况和其他有关资料。

议标的资格审查，则主要是查验投标人是否有相应的资质等级。经资格审查合格后，由招标人或招标代理人通知合格者，领取招标文件，参加投标。

（五）分发招标文件和有关资料，收取投标保证金

招标人向经审查合格的投标人分发招标文件及有关资料，并向投标人收取投标保证金。公开招标实行资格后审的，直接向所有投标报名者分发招标文件和有关资料，收取投标保证金。

招标文件发出后，招标人不得擅自变更其内容。确需进行必要的澄清、修改或补充的，应当在招标文件要求提交投标文件截止时间至少15天前，书面通知所有获得招标文件的投标人。该澄清、修改或补充的内容是招标文件的组成部分，对招标人和投标人都有约束力。

投标保证金是为防止投标人不审慎考虑和进行投标活动而设定的一种担保形式，是投标人向招标人缴纳的一定数额的金钱。招标人发售招标文件后，不希望投标人不递交投标文件或递交毫无意义或未经充分、慎重考虑的投标文件，更不希望投标人中标后撤回投标文件或不签署合同。因此，为了约束投标人的投标行为，保

护招标人的利益，维护招标投标活动的正常秩序，特设立投标保证金制度，这也是国际上的一种习惯做法。投标保证金的收取和缴纳办法，应在招标文件中说明，并按招标文件的要求进行。

投标保证金的直接目的虽是保证投标人对投标活动负责，但其一旦缴纳和接受，对双方都有约束力。

1.对投标人而言

缴纳投标保证金后，如果投标人按规定的时间要求递交投标文件，在投标有效期内未撤回投标文件，经开标、评标获得中标后与招标人订立合同的，就不会丧失投标保证金。投标人未中标的，在定标发出中标通知书后，招标人原额退还其投标保证金；投标人中标的，在依中标通知书签订合同时，招标人原额退还其投标保证金。如果投标人未按规定的时间要求递交投标文件，在投标有效期内撤回投标文件，经开标、评标获得中标后不与招标人订立合同的，就会丧失投标保证金。而且，丧失投标保证金并不能免除投标人因此而应承担的赔偿和其他责任，招标人有权就此向投标人或投标保函出具者索赔或要求其承担其他相应的责任。

2.对招标人而言

收取投标保证金后，如果不按规定的时间要求接受投标文件，在投标有效期内拒绝投标文件，中标人确定后不与中标人订立合同的，则要双倍返还投标保证金。而且，双倍返还投标保证金并不能免除招标人因此而应承担的赔偿和其他责任，投标人有权就此向招标人索赔或要求其承担其他相应的责任。如果招标人收取投标保证金后，按规定的时间要求接受投标文件，在投标有效期内未拒绝投标文件，中标人确定后与中标人订立合同的，仅需原额退还投标保证金。

3.投标保证金

投标保证金可采用现金、支票、银行汇票，也可以是银行出具的银行保函。银行保函的格式应符合招标文件提出的格式要求。投标保证金的额度，根据工程投资大小由业主在招标文件中确定。在国际上，投标保证金的数额较高，一般设定在占投资总额的 1%～5%。而我国的投标保证金数额则普遍较低。如有的规定最高不超过 1000 元，有的规定一般不超过 5000 元，有的规定一般不超过投标总价的 2%，还有的规定一般占工程造价的 0.5%、1%等。投标保证金有效期为直到签订合同或提供履约保函为止，通常为 3～6 个月，一般应超过投标有效期 28 天。

（六）组织投标人踏勘现场，对招标文件进行答疑

招标文件分发后，招标人要在招标文件规定的时间内，组织投标人踏勘现场，并对招标文件进行答疑。

1.目的

招标人组织投标人踏勘现场，主要目的是让投标人了解工程现场和周围环境情况，获取必要的信息。

2.内容

（1）现场是否达到招标文件规定的条件。

（2）现场的地理位置和地形、地貌。

（3）现场的地质、土质、地下水位、水文等情况。

（4）现场气温、湿度、风力、年雨雪量等气候条件。

（5）现场交通、饮水、污水排放、生活用电、通信等环境情况。

（6）工程在现场中的位置与布置。

（7）临时用地、临时设施搭建等。

3.答疑形式

投标人对招标文件或者在现场踏勘中如果有疑问或不清楚的问题，可以而且应当用书面的形式要求招标人予以解答。招标人收到投标人提出的疑问或不清楚的问题后，应当给予解释和答复。招标人的答疑可以根据情况采用以下方式进行：

（1）以书面形式解答，并将解答内容同时送达所有获得招标文件的投标人。书面形式包括解答书、信件、电报、电传、传真、电子数据交换和电子函件等可以有形地表现所载内容的形式。以书面形式解答招标文件中或现场踏勘中的疑问，在将

解答内容送达所有获得招标文件的投标人之前，应先经招标投标管理机构审查认定。

（2）通过投标预备会进行解答，同时借此对图纸进行交底和解释，并以会议记录形式同时将解答内容送达所有获得招标文件的投标人。

4.投标预备会

投标预备会也称答疑会、标前会议，是指招标人为澄清或解答招标文件或现场踏勘中的问题，以便投标人更好地编制投标文件而组织召开的会议。投标预备会一般安排在招标文件发出后的 7～28 天内举行。参加会议的人员包括招标人、投标人、代理人、招标文件编制单位的人员、招标投标管理机构的人员等。会议由招标人主持。

5.投标预备会内容

（1）介绍招标文件和现场情况，对招标文件进行交底和解释。

（2）解答投标人以书面或口头形式对招标文件和在现场踏勘中所提出的各种问题或疑问。

6.投标预备会程序

（1）投标人和其他与会人员签到，以示出席。

（2）主持人宣布投标预备会开始。

（3）介绍出席会议人员。

（4）介绍解答人，宣布记录人员。

（5）解答投标人的各种问题和对招标文件进行交底。

（6）通知有关事项，如为使投标人在编制投标文件时，有足够的时间充分考虑招标人对招标文件的修改或补充内容，以及投标预备会议记录内容，招标人可根据情况决定适当延长投标书递交截止时间，并作通知等。

（7）整理解答内容，形成会议记录，并由招标人、投标人签字确认后宣布散会。会后，招标人将会议记录报招标投标管理机构核准，并将经核准后的会议记录送达所有获得招标文件的投标人。

（七）召开开标会议

投标预备会结束后，招标人就要为接受投标文件、开标做准备。接受投标文件工作结束，招标人要按招标文件的规定准时开标、评标。

1.开标会

时间：开标应当在招标文件确定的提交投标文件截止时间的同一时间公开进行。

地点：开标地点应当为招标文件中预先确定的地点。按照国家的有关规定和各地的实践，招标文件中预先确定的开标地点，一般均应为建设工程交易中心。

人员：参加开标会议的人员，包括招标人或其代表人、招标代理人、投标人法定代表人或其委托代理人、招标投标管理机构的监管人员和招标人自愿邀请的公证机构的人员等。评标组织成员不参加开标会议。开标会议由招标人或招标代理人组织，由招标人或招标人代表主持，并在招标投标管理机构的监督下进行。程序一般为：

（1）参加开标会议的人员签名报到，表明与会人员已到会。

（2）会议主持人宣布开标会议开始，宣读招标人法定代表人资格证明或招标人代表的授权委托书，介绍参加会议的单位和人员名单，宣布唱标人员、记录人员名单。唱标人员一般由招标人的工作人员担任，也可以由招标投标管理机构的人员担任。记录人员一般由招标人或其代理人的工作人员担任。

（3）介绍工程项目有关情况，请投标人或其推选的代表检查投标文件的密封情况，并签字予以确认。也可以请招标人自愿委托的公证机构检查并公证。

（4）由招标人代表当众宣布评标定标办法。

（5）由招标人或招标投标管理机构的人员核查投标人提交的投标文件和有关证件、资料，检视其密封、标志、签署等情况。经确认无误后，当众启封投标文件，宣布核查检视结果。

（6）由唱标人员进行唱标。唱标是指公布投标文件的主要内容，当众宣读投标文件的投标人名称、投标报价、工期、质量、主要材料用量、投标保证金、优惠条件等主要内容。唱标顺序按各投标人报送的投标文件时间先后的逆顺序进行。

（7）由招标投标管理机构当众宣布审定后的标底。

（8）由投标人的法定代表人或其委托代理人核对开标会议记录，并签字确认开标结果。

开标会议的记录人员应现场制作开标会议记录，将开标会议的全过程和主要情况，特别是投标人参加会议的情况、对投标文件的核查检视结果、开启并宣读的投标文件和标底的主要内容等，当场记录在案，并请投标人的法定代表人或其委托代理人核对无误后签字确认。开标会议记录应存档备查。投标人在开标会议记录上签字后，即退出会场。至此，开标会议结束，转入评标阶段。

2.无效条件

（1）未按招标文件的要求标志、密封的。

（2）无投标人公章和投标人的法定代表人或其委托代理人的印鉴或签字的。

（3）投标文件标明的投标人在名称和法律地位上与通过资格审查时的不一致，且这种不一致明显不利于招标人或为招标文件所不允许的。

（4）未按招标文件规定的格式、要求填写，内容不全或字迹潦草、模糊，辨认不清的。

（5）投标人在一份投标文件中对同一招标项目报有两个或多个报价，且未书面声明以哪个报价为准的。

（6）逾期送达的。

（7）投标人未参加开标会议的。

（8）未提交合格的撤回通知的。

有上述情形，如果涉及投标文件实质性内容的，应当留待评标时由评标组织评审、确认投标文件是否有效。实践中，对在开标时就被确认无效的投标文件，也有不启封或不宣读的做法。如投标文件在启封前被确认为无效的，不予启封；在启封后唱标前被确认为无效的，不予宣读。在开标时确认投标文件是否无效，一般应由参加开标会议的招标人或其代表进行，确认的结果投标当事人无异议的，经招标投标管理机构认可后宣布。如果投标当事人有异议的，则应留待评标时由评标组织评审确认。

（八）组建评标组织进行评标

开标会结束后，招标人要接着组织评标。评标必须在招标投标管理机构的监督下，由招标人依法组建的评标组织进行。组建评标组织是评标前的一项重要工作。

评标组织由招标人的代表和有关经济、技术等方面的专家组成。其具体形式为评标委员会，实践中也有是评标小组的。评标组织成员的名单在中标结果确定前应当保密。评标一般采用评标会的形式进行。参加评标会的人员为招标人或其代表人、招标代理人、评标组织成员、招标投标管理机构的监管人员等。投标人不能参加评标会。评标会由招标人或其委托的代理人召集，由评标组织负责人主持。

1.评标会的程序

（1）开标会结束后，投标人退出会场，参加评标会的人员进入会场，由评标组织负责人宣布评标会开始。

（2）评标组织成员审阅各个投标文件，主要检查确认投标文件是否实质上响应招标文件的要求；投标文件正副本之间的内容是否一致；投标文件是否有重大漏项、缺项；是否提出了招标人不能接受的保留条件等。

（3）评标组织成员根据评标定标办法的规定，只对未被宣布无效的投标文件进行评议，并对评标结果签字确认。

（4）如有必要，评标期间，评标组织可以要求投标人对投标文件中不清楚的问题做必要的澄清或者说明，但是，澄清或者说明不得超出投标文件的范围或改变投标文件的实质性内容。所澄清和确认的问题，应当采取书面形式，经招标人和投标人双方签字后，作为投标文件的组成部分，列入评标依据范围。在澄清会谈中，不允许招标人和投标人变更或寻求变更价格、工期、质量等级等实质性内容。开标后，投标人对价格、工期、质量等级等实质性内容提出的任何修正声明或者附加优惠条件，一律不得作为评标组织评标的依据。

（5）评标组织负责人对评标结果进行校核，按照优劣或得分高低排出投标人顺序，并形成评标报告，经招标投标管理机构审查，确认无误后，即可据评标报告确定出中标人。至此，评标工作结束。

2.评审内容

评标组织对投标文件审查、评议的主要内容，包括：

（1）对投标文件进行符合性鉴定。包括商务符合性和技术符合性鉴定。投标文件应实质上响应招标文件的要求。所谓实质上响应招标文件的要求，就是指投标文件应该与招标文件的所有条款、条件和规定相符，无显著差异或保留。如果投标文件实质上不响应招标文件的要求，招标人应予以拒绝，并不允许投标人通过修正或撤销其不符合要求的差异或保留，使之成为具有响应性的投标文件。

（2）对投标文件进行技术性评估。主要包括对投标人所报的方案或组织设计、关键工序、进度计划、人员和机械设备的配备、技术能力、质量控制措施、临时设施的布置和临时用地情况、施工现场周围环境污染的保护措施等进行评估。

（3）对投标文件进行商务性评估。指对确定为实质上响应招标文件要求的投标文件进行投标报价评估，包括对投标报价进行校核，审查全部报价数据是否有计算上或累计上的算术错误，分析报价构成的合理性。发现报价数据上有算术错误，修改的原则是：如果用数字表示的数额与用文字表示的数额不一致时，以文字数额为准；当单价与工程量的乘积与合价之间不一致时，通常以标出的单价为准，除非评标组织认为有明显的小数点错位，此时应以标出的合价为准，并修改单价。按上述原则调整投标书中的投标报价，经投标人确认同意后，对投标人起约束作用。如果投标人不接受修正后的投标报价，则其投标将被拒绝。

（4）对投标文件进行综合评价与比较。评标应当按照招标文件确定的评标标准和方法，按照平等竞争、公正合理的原则，对投标人的报价、工期、质量、主要材料用量、施工方案或组织设计、以往业绩和履行合同的情况、社会信誉、优惠条件等方面进行综合评价和比较，并与标底进行对比分析，通过进一步澄清、答辩和评审，公正合理地择优选定中标候选人。

3.定标方法

评标组织的评标定标方法，主要有单项评议法、综合评议法、两阶段评议法等。

（九）择优定标，发出中标通知书

评标结束应当产生出定标结果。招标人根据评标组织提出的书面评标报告和推荐的中标候选人确定中标人，也可以授权评标组织直接确定中标人。定标应当择优，经评标能当场定标的，应当场宣布中标人；不能当场定标的，中小型项目应在开标之后 7 天内定标，大型项目应在开标之后 14 天内定标；特殊情况需要延长定标期限的，应经招标投标管理机构同意。招标人应当自定标之日起 15 天内向招标投标管理机构提交招标投标情况的书面报告。中标人的投标，应符合下列条件之一：

（1）能够最大限度地满足招标文件中规定的各项综合评价标准。

（2）能够满足招标文件实质性要求，并且经评审的投标价格最低，但投标价格低于成本的除外。

在评标过程中，如发现有下列情形之一不能产生定标结果的，可宣布招标失败：

（1）所有投标报价高于或低于招标文件所规定的幅度的。

（2）所有投标人的投标文件均实质上不符合招标文件的要求，被评标组织否决的。

如果发生招标失败，招标人应认真审查招标文件及标底，做出合理修改，重新招标。在重新招标时，原采用公开招标方式的，仍可继续采用公开招标方式，也可改用邀请招标方式；原采用邀请招标方式的，仍可继续采用邀请招标方式。

经评标确定中标人后，招标人应当向中标人发出中标通知书，并同时将中标结果通知所有未中标的投标人，退还未中标的投标人的投标保证金。在实践中，招标人发出中标通知书，通常是与招标投标管理机构联合发出或经招标投标管理机构核准后发出。中标通知书对招标人和中标人具有法律效力。中标通知书发出后，招标人改变中标结果的，或者中标人放弃中标项目的，应承担法律责任。

（十）签订合同

中标人收到中标通知书后，招标人、中标人双方应具体协商谈判签订合同事宜，形成合同草案。在各地的实践中，合同草案一般需要先报招标投标管理机构审查。招标投标管理机构对合同草案的审查，主要是看其是否按中标的条件和价格拟订。经审查后，招标人与中标人应当自中标通知书发出之日起30天内，按照招标文件和中标人的投标文件正式签订书面合同。招标人和中标人不得再订立背离合同实质性内容的其他协议。同时，双方要按照招标文件的约定相互提交履约保证金或者履约保函，招标人还要退还中标人的投标保证金。招标人如拒绝与中标人签订合同，除双倍返还投标保证金外，还需赔偿有关损失。

履约保证金或履约保函是为约束招标人和中标人履行各自的合同义务而设立的一种合同担保形式。其有效期通常为2年，一般直至履行了义务（如提供了服务、交付了货物或工程已通过了验收等）为止。招标人和中标人订立合同相互提交履约保证金或者履约保函时，应注意指明履约保证金或履约保函到期的具体日期，不能具体指明到期日期的，也应在合同中明确履约保证金或履约保函的失效时间。如果合同规定的项目在履约保证金或履约保函到期日未能完成的，则可以对履约保证金或履约保函展期，即延长履约保证金或履约保函的有效期。履约保证金或履约保函的金额，通常为合同标的额的5%～10%，也有的规定不超过合同金额的5%。合同订立后，应将合同副本分送各有关部门备案，以便接受保护和监督。至此，招标工作全部结束。招标工作结束后，应将有关文件资料整理归档，以备查考。

三、水利工程施工投标

从投标人的角度看，建设工程投标的一般程序，主要经历以下几个环节：

（1）向招标人申报资格审查，提供有关文件资料。

（2）购领招标文件和有关资料，缴纳投标保证金。

（3）组织投标班子，委托投标代理人。

（4）参加踏勘现场和投标预备会。

（5）编制、递送投标书。

（6）接受评标组织就投标文件中不清楚的问题进行的询问，举行澄清会谈。

（7）接受中标通知书，签订合同，提供履约担保，分送合同副本。

（一）向招标人申报资格审查，提供有关文件资料

投标人在获悉招标公告或投标邀请后，应当按照招标公告或投标邀请书中所提出的资格审查要求，向招标人申报资格审查。资格审查是投标人投标过程中的第一关。

采用不同的招标方式，对潜在投标人资格审查的时间和要求不一样。如在国际工程无限竞争性招标中，通常在投标前进行资格审查，这叫作资格预审，只有资格预审合格的承包商才可能参加投标；也有些国际工程无限竞争性招标不在投标前而在开标后进行资格审查，这被称作资格后审。在国际工程有限竞争招标中，通常是在开标后进行资格审查，并且这种资格审查往往作为评标的一个内容，与评标结合起来进行。

我国建设工程招标中，在允许投标人参加投标前一般都要进行资格审查，但资格审查的具体内容和要求有所区别。

1.公开招标

一般要按照招标人编制的资格预审文件进行资格审查。资格预审文件应包括的主要内容：

（1）投标人组织与机构。

（2）近 3 年完成工程的情况。

（3）目前正在履行的合同情况。

（4）过去 2 年经审计过的财务报表。

（5）过去 2 年的资金平衡表和负债表。

（6）下一年度财务预测报告。

（7）施工机械设备情况。

（8）各种奖励或处罚资料。

（9）与本合同资格预审有关的其他资料。如是联合体投标应填报联合体每一成员的以上资料。

2.邀请招标

一般是通过对投标人按照投标邀请书的要求提交或出示的有关文件和资料进行验证，确认自己的经验和所掌握的有关投标人的情况是否可靠、有无变化。邀请招标资格审查的主要内容，一般应当包括：

（1）投标人组织与机构，营业执照，资质等级证书。

（2）近 3 年完成工程的情况。

（3）目前正在履行的合同情况。

（4）资源方面的情况，包括财务、管理、技术、劳力、设备等情况。

（5）受奖、罚的情况和其他有关资料。

投标人申报资格审查，应当按招标公告或投标邀请书的要求，向招标人提供有关资料。经招标人审查后，招标人应将符合条件的投标人的资格审查资料，报建设工程招标投标管理机构复查。经复查合格的，就具有了参加投标的资格。

（二）购领招标文件和有关资料，缴纳投标保证金

投标人经资格审查合格后，便可向招标人申购招标文件和有关资料，同时要缴纳投标保证金。

投标保证金：为防止投标人对其投标活动不负责任而设定的一种担保形式，是招标文件中要求投标人向招标人缴纳的一定数额的金钱。

缴纳办法：应在招标文件中说明，并按招标文件的要求进行。

形式：一般来说，投标保证金可以采用现金，也可以采用支票、银行汇票，还可以是银行出具的银行保函。银行保函的格式应符合招标文件提出的格式要求。

额度：根据工程投资大小由业主在招标文件中确定。

在国际上，投标保证金的数额较高，一般设定在占投资总额的1%～5%。而我国的投标保证金数额，则普遍较低。如有的规定最高不超过10万元，有的规定一般不超过50万元，有的规定一般不超过投标总价的2%等。

有效期：直到签订合同或提供履约保函为止，通常为3～6个月，一般应超过投标有效期的28天。

（三）组织投标班子，委托投标代理人

投标人在通过资格审查、购领了招标文件和有关资料之后，就要按招标文件确定的投标准备时间着手开展各项投标准备工作。

投标准备时间：指从开始发放招标文件之日起至投标截止时间为止的期限，由招标人根据工程项目的具体情况确定，一般为28天之内。

投标班子一般应包括下列3类人员：

（1）经营管理类人员。这类人员一般是从事工程承包经营管理的行家里手，熟悉工程投标活动的筹划和安排，具有相当的决策水平。

（2）专业技术类人员。这类人员是从事各类专业工程技术的人员，如建筑师、监理工程师、结构工程师、造价工程师等。

（3）商务金融类人员。这类人员是从事有关金融、贸易、财税、保险、会计、采购、合同、索赔等项工作的人员。

（四）参加踏勘现场和投标预备会

投标人拿到招标文件后，应进行全面细致的调查研究。若有疑问或不清楚的问题需要招标人予以澄清和解答的，应在收到招标文件后的7日内以书面形式向招标人提出。

投标人在去现场踏勘之前，应先仔细研究招标文件有关概念的含义和各项要求，特别是招标文件中的工作范围、专用条款以及设计图纸和说明等，然后有针对性地

拟订出踏勘提纲，确定重点，需要澄清和解答的问题，做到心中有数。投标人参加现场踏勘的费用，由投标人自己承担。招标人一般在招标文件发出后，就着手考虑安排投标人进行现场踏勘等准备工作，并在现场踏勘中对投标人给予必要的协助。

投标人进行现场踏勘的内容，主要包括以下几个方面：

（1）工程的范围、性质以及与其他工程之间的关系。

（2）投标人参与投标的那一部分工程与其他承包商或分包商之间的关系。

（3）现场地貌、地质、水文、气候、交通、电力、水源等情况，有无障碍物等。

（4）进出现场的方式，现场附近有无食宿条件，料场开采条件，其他加工条件，设备维修条件等。

（5）现场附近治安情况。

投标预备会，又称答疑会、标前会议，一般在现场踏勘之后的1～2天内举行。答疑会的目的是解答投标人对招标文件和在现场中所提出的各种问题，并对图纸进行交底和解释。

（五）编制和递交投标文件

经过现场踏勘和投标预备会后，投标人可以着手编制投标文件。投标人着手编制和递交投标文件的具体步骤和要求：

1.结合现场踏勘和投标预备会的结果，进一步分析招标文件

招标文件是编制投标文件的主要依据，因此，必须结合已获取的有关信息认真细致地加以分析研究，特别是要重点研究其中的投标须知、专用条款、设计图纸、工程范围以及工程量表等，要弄清到底有没有特殊要求或有哪些特殊要求。

2.校核招标文件中的工程量清单

投标人是否校核招标文件中的工程量清单或校核得是否准确，直接影响到投标报价和中标概率。因此，投标人应认真对待。通过认真校核工程量，投标人大体确定了工程总报价之后，估计某些项目工程量可能增加或减少的，就可以相应地提高或降低单价。如发现工程量有重大出入的，特别是漏项的，可以找招标人核对，要

求招标人认可，并给予书面确认。这对于总价固定合同来说，尤其重要。

3.根据工程类型编制施工规划或施工组织设计

施工规划或施工组织设计的内容，一般包括施工程序、方案，施工方法，施工进度计划，施工机械、材料、设备的选定和临时生产、生活设施的安排，劳动力计划，以及施工现场平面和空间的布置。施工规划或施工组织设计的编制依据，主要是设计图纸、技术规范，复核了的工程量，招标文件要求的开工、竣工日期，以及对市场材料、机械设备、劳动力价格的调查。编制施工规划或施工组织设计，要在保证工期和工程质量的前提下，尽可能使成本最低、利润最大。具体要求是，根据工程类型编制出最合理的施工程序，选择和确定技术上先进、经济上合理的施工方法，选择最有效的施工设备、施工设施和劳动组织，周密、均衡地安排人力、物力和生产，正确编制施工进度计划，合理布置施工现场的平面和空间。

4.根据工程价格构成进行工程估价，确定利润方针，计算和确定报价

投标报价是投标的一个核心环节，投标人要根据工程价格构成对工程进行合理估价，确定切实可行的利润方针，正确计算和确定投标报价。投标人不得以低于成本的报价竞标。

5.形成、制作投标文件

（1）投标文件应完全按照招标文件的各项要求编制。投标文件应当对招标文件提出的实质性要求和条件做出响应，一般不能带任何附加条件，否则将导致投标无效。

（2）投标文件一般应包括以下内容：

①投标书。

②投标书附录。

③投标保证书（银行保函、担保书等）。

④法定代表人资格证明书。

⑤授权委托书。

⑥具有标价的工程量清单和报价表。

⑦施工规划或施工组织设计。

⑧施工组织机构表及主要工程管理人员人选及简历、业绩。

⑨拟分包的工程和分包商的情况。

⑩其他必要的附件及资料，如投标保函、承包商营业执照和能确认投标人财产经济状况的银行或其他金融机构的名称及地址等。

6.递送投标文件

递送投标文件，也称递标，是指投标人在招标文件要求提交投标文件的截止时间前，将所有准备好的投标文件密封送达投标地点。招标人收到投标文件后，应当签收保存，不得开启。投标人在递交投标文件以后，投标截止时间之前，可以对所递交的投标文件进行补充、修改或撤回，并书面通知招标人，但所递交的补充、修改或撤回通知必须按招标文件的规定编制、密封和标志。补充、修改的内容为投标文件的组成部分。

（六）出席开标会议，参加评标期间的澄清会谈

投标人在编制、递交了投标文件后，要积极准备出席开标会议。参加开标会议对投标人来说，既是权利也是义务。按照国际惯例，投标人不参加开标会议的，视为弃权，其投标文件将不予启封，不予唱标，不允许参加评标。投标人参加开标会议，要注意其投标文件是否被正确启封、宣读，对于被错误地认定为无效的投标文件或唱标出现的错误，应当场提出异议。在评标期间，评标组织要求澄清投标文件中不清楚问题的，投标人应积极予以说明、解释、澄清。澄清招标文件一般可以采用向投标人发出书面询问，由投标人书面做出说明或澄清的方式，也可以采用召开澄清会的方式。澄清会是评标组织为有助于对投标文件的审查、评价和比较，而个别地要求投标人澄清其投标文件（包括单价分析表）而召开的会议。在澄清会上，评标组织有权就投标文件中不清楚的问题向投标人提出询问。有关澄清的要求和答复，最后均应以书面形式进行。所说明、澄清和确认的问题，经招标人和投标人双

方签字后，作为投标书的组成部分。在澄清会谈中，投标人不得更改标价、工期等实质性内容，开标后和定标前提出的任何修改声明或附加优惠条件，一律不得作为评标的依据。

（七）接受中标通知书，签订合同，提供履约担保，分送合同副本

经评标，投标人被确定为中标人后，应接受招标人发出的中标通知书。未中标的投标人有权要求招标人退还其投标保证金。中标人收到中标通知书后，应在规定的时间和地点与招标人签订合同。在合同正式签订之前，应先将合同草案报招标投标管理机构审查。经审查后，中标人与招标人在规定的期限内签订合同。结构不太复杂的中小型工程一般应在 7 天以内，结构复杂的大型工程一般应在 14 天以内，按照约定的具体时间和地点，根据《中华人民共和国合同法》等有关规定，依据招标文件、投标文件的要求和中标的条件签订合同。同时，按照招标文件的要求，提交履约保证金或履约保函，招标人同时退还中标人的投标保证金。中标人如拒绝在规定的时间内提交履约担保和签订合同，招标人报请招标投标管理机构批准同意后取消其中标资格，并按规定不退还其投标保证金，并考虑在其余投标人中重新确定中标人，与之签订合同，或重新招标。中标人与招标人正式签订合同后，应按要求将合同副本分送有关主管部门备案。

第三节　水利工程项目投标的技术性策略

一、商务标编制

（一）商务标编制的要求

商务标主要是指报价，报价的合理性、科学性直接关系到能否中标。所以对报价要分析多种情况的可能性，包括临时工程、主体工程的报价等。

1.合理的报价

在对招标文件进行充分、完整、准确无误理解的基础上，编制出的报价是投标人施工措施、能力、水平的综合反映，应是合理的较低报价。合理的报价其编制依据比较充分、可靠，计算比较准确，报价水平比较适中，既能获得一定的盈利，又能在竞争中被招标人所接受，当报价高出标底很多时，往往不被招标人考虑，而低于标底很多，或明显低于其他投标人报价很多时，不仅使投标人有潜在的亏损危险，而且容易招致评委和招标人对投标单位的实力产生怀疑。所以只有与标底接近，既低而又适度的报价才更可能为招标者所理解和接受，合理的报价还应与投标人本身具备的技术水平和工程条件相适应，量力而行。根据自身的施工特点和实际情况制订相应的施工方案，投出自己能接受的报价。

首先临时工程要充分分析该招标工程的工作内容、工作范围、工期、质量目标等，结合自身的实际施工能力、施工方案及施工特点计算出合理的临时工程报价。如在某水闸改建工程投标中，对于临时工程中施工降排水一项的报价，几家施工单位根据自身施工方案的比选和具体的施工安排报出的单价不尽相同，其中最高和最低的差价竟达临时工程平均价的40%，单位甲施工降排水采用明沟排水与管井降水相结合，具体的做法是地表水主要用明沟排水，地下水则采用管井降水，根据地质条件及土层分布，结合基坑面积，配备合理的承压完整井12只，且根据土层土质分布情况，将承压井的进水孔分布在砂性土较多透水性较好的土层（高程－15～12m），单位乙则采用井点降水法，使用针井和管井相结合的方法，针井主要分布在闸主体基坑的四周边坡上，目的是防止土方开挖时边坡塌方，管井主要用于基坑内的降排水，管井共计18只，均匀分布，透水位置布置在高程－22m左右的位置。还有的投标单位对总的基坑降排水全部采用针井点法，这显然不符合现场的具体实际情况，比较这些投标单位的投标方案及相应的报价，说明施工单位在分析招标文件时，对文件的理解程度不够深，对施工现场的具体实际情况缺乏了解，从而在投标中报价出现失误，影响中标率。其次主体工程要仔细认真研究，列出几种可行的施工方案，对几种方案均进行施工预算，比选出最优最利于施工且报价合理的施工方案，最终照此方案编制出最终报价。

2.单价合理可靠

投标书中的单项子目的单价应依靠相应的预算书及实际市场价合理可行，同时依据投标书中所制定的施工组织设计，根据其具体的施工方案对照预算书中相应的子目，定出合理的单价，对临时工程的实际单价一定要充分理解招标文件内容，同时亦要对招标标前会建设方提出的种种要求充分考虑。

3.认真填写报价书

投标人在计算出该工程的预算报价后应严格按照招标文件的要求，填写到相应的表格中，同时应注意不能更改招标书中的工程量清单，既不能增加工程量清单子目，也不能随意删减清单中的子目，尽可能杜绝算术错误，以防止引起不必要的麻烦，从而造成评委在评标中产生歧义或误解。

（二）商务标编制的技巧

1.量力而行

对实行单价承包的子目，在一般的工程投标中，各施工单位都有自己的一套投标经验，对于自己的弱项，尽可能充分考虑，编制的单价可能相对较高一点，对于一些是自己的强项的分部或单元，投标报价可能要低一些，所以对施工能力较强，施工经验丰富的大单位，在投标中会占一点优势，当然，不论如何报价，总要根据自身的实际施工能力而定，即使不中标，也不能做亏本工程（想扩大企业自身的知名度，提高市场占有率的除外）。

2.考虑全面

对实行总价承包的子目，作为投标人，首先要充分了解该子目应含的各项施工内容，要结合施工现场的实际情况，比如临时工程，一般大都是总价承包，对于不同的工程，应列的子目也不尽相同，它必须要考虑到施工地点的实际情况，如地质条件、交通运输情况、供水、供电，以及现场许多需要充分考虑的种种因素（甚至包括当地风土人情及生活习惯）。

3.取长补短

对某些实行单价承包，根据施工现场的实际情况，很有可能会增加工程量，应尽量在合理范围内抬高编制单价，为增加工程利润打下伏笔，对其他没有可能增加的子目，相对要低一些，以保证总价控制范围，与此同时，也要防止报价的不平衡性，以防在评标中被扣分。

4.参照对比

对照以往已建的类似工程，以原有的子目单价作为参照系，根据价格的可比原则，结合当前的实际情况，拟定出合理的子目单价。

5.知己知彼

对参加投标的其他施工单位也应该有一个充分的了解，俗话说“知己知彼，百战不殆”，在客观地分析自己的实力后，还应了解竞争对手实际施工能力以及他的投标策略，分析其可能出现的报价，并据此采取相应的对策。

二、技术标的编制

（一）充分领会招标文件精神

要仔细阅读招标文件，包括工程量清单、施工要求，以及施工现场的实际情况，只有充分了解招标情况，充分估计到施工会出现的种种问题，才能根据自身的实际情况，制定详细且很有针对性的施工组织设计。施工组织设计不仅要有详细的施工方法、施工方案、施工工期、施工质量要求，而且在安全施工、文明施工方面均要有详细的措施及规章制度。每个施工单位实际情况均有不同，故而其施工组织设计应该有自己的特色，要把自己最擅长的展现给评委，让评委看了投标书后，能一目了然且思路清晰，对你的强项有一个较深的印象；有的施工企业在编写施工组织设计时，常常是东抄一段，西拉一段，拼拼凑凑，甚至出现不应有的前后矛盾，结果让评委看了，觉得没有企业自己的东西，从而怀疑其企业实力和真正的施工能力，导致评分降低。

（二）比照评标办法

按照招标书要求的评标办法，对应相应的技术标打分要求，逐项对应地编写投标书，如投标单位前 3 年的工程业绩，编入的工程要符合评标办法的要求，且要材料齐全、满足评标办法的要求。不能因为漏项而导致不必要的扣分。

（三）要注意整个工程的统一性、完整性

主要表现在施工方案的设计是否科学、施工工期的安排是否合理、工场的布置是否满足施工要求等。要严格响应招标书要求。

三、标书的装订

整个投标书内容全部编写完成后，到了最后一步——标书的装订。许多投标单位不太重视这一看似简单的最后一道工序，结果往往因小失大，与中标无缘。投标书的外观整洁、美观，无疑会给评委增加几分印象分；若标书装订得不整洁，虽然里面的内容很好，无形之中也会降低得分。另外，在装订时要特别注意检查是否有遗漏缺页，避免因为不必要的失误而导致评标时失分。

四、投标报价技巧

投标技巧是指在投标报价中采用的投标手段让招标人可以接受，中标后能获得更多的利润。投标人在工程投标时，主要应该在先进合理的技术方案和较低的投标价格上下功夫，以争取中标，但是还有其他一些手段对中标有辅助性的作用，主要表现在以下几个方面：

（一）不平衡报价法

不平衡报价法是指一个工程项目的投标报价，在总价基本确定后，如何调整内部各个项目的报价，以期既不提高总价，不影响中标，又能在结算时得到更理想的

经济效益。

（1）能够早日结算的项目，如前期措施费、基础工程、土石方工程等可以报得较高，以利资金周转。后期工程项目如设备安装、装饰工程等的报价可适当降低。

（2）经过工程量核算，预计今后工程量会增加的项目，单价适当提高，这样在最终结算时可多赚钱，而将来工程量有可能减少的项目单价降低，工程结算时损失不大。

但是，上述两种情况要统筹考虑，即对于清单工程量有错误的早期工程，如果工程量不可能完成而有可能降低的项目，则不能盲目抬高单价，要具体分析后再定。

（3）设计图纸不明确，估计修改后工程量要增加的，可以提高单价；而工程内容说不清楚的，则可以降低一些单价。

（4）暂定项目又叫任意项目或选择项目，对这类项目要做具体分析。因这一类项目要开工后由发包人研究决定是否实施，由哪一家投标人实施。如果工程不分包，只由一家投标人施工，则其中肯定要施工的单价可高些，不一定要施工的则应该低些。如果工程分包，该暂定项目也可能由其他投标人施工时，则不宜报高价，以免抬高总报价。

（5）单价包干的合同中，招标人要求有些项目采用包干报价时，宜报高价。一则这类项目多半有风险；二则这类项目在完成后可全部按报价结算，即可以全部结算回来。其余单价项目则可适当降低。

（6）有时招标文件要求投标人对工程量大的项目报“清单项目报价分析表”，投标时可将单价分析表中的人工费及机械设备费报得较高，而材料费报得较低。这主要是为了在今后补充项目报价时，可以参考选用“清单项目报价分析表”中较高的人工费和机械费，而材料则往往采用市场价，因而可获得较高的收益。

（7）在议标时，投标人一般都要压低标价。这时应该首先压低那些工程量少的单价，这样即使压低了很多单价，总的标价也不会降低很多，而给发包人的感觉却是工程量清单上的单价大幅度下降，投标人很有让利的诚意。

（8）在其他项目费中要报工日单价和机械台班单价，可以高些，以便在日后招标人用工或使用机械时可多盈利。对于其他项目中的工程量要具体分析，是否报高价，高多少有一个限度，不然会抬高总报价。

虽然不平衡报价对投标人可以降低一定的风险，但报价必须要建立在对工程量清单表中的工程量风险仔细核对的基础上，特别是对于降低单价的项目，如工程量一旦增多，将造成投标人的重大损失，同时一定要控制在合理幅度内，一般控制在10%以内，以免引起招标人反对，甚至导致个别清单项报价不合理而废标。如果不注意这一点，有时招标人会挑选出报价过高的项目，要求投标人进行单价分析而围绕单价分析中过高的内容压价，以致投标人得不偿失。

（二）多方案报价法

有时招标文件中规定，可以提一个建议方案。如果发现有些招标文件工程范围不很明确，条款不清楚或很不公正，技术规范要求过于苛刻时，则要在充分估计风险的基础上，按多方案报价法处理。即是按原招标文件报一个价，然后再提出如果某条款做某些变动，报价可降低的额度。这样可以降低总造价，吸引招标人。

投标人这时应组织一批有经验的设计和施工工程师，对原招标文件的设计方案仔细研究，提出更合理的方案以吸引招标人，促成自己的方案中标。这种新的建议可以降低总造价或提前竣工。但要注意的是，对原招标方案一定也要报价，以供招标人比较。

增加建议方案时，不要将方案写得太具体，保留方案的技术关键，防止招标人将此方案交给其他投标人，同时要强调的是，建议方案一定要比较成熟，或过去有这方面的实践经验。因为投标时间往往较短，如果仅为中标而匆忙提出一些没有把握的建议方案，可能引起很多不良后果。

（三）突然降价法

报价是一件保密的工作，但是对手往往会通过各种渠道、手段来刺探情报，用此法可以在报价时迷惑竞争对手。即先按一般情况报价或表现出自己对该工程兴趣不大，到快要投标截止时，才突然降价。采用这种方法时，一定要在准备投标报价的过程中考虑好降价的幅度，在临近投标截止日期前，根据情况信息与分析判断，再做最后决策。采用突然降价法往往降低的是总价，而要把降低的部分分摊到各清单项内，可采用不平衡报价进行，以期取得更高的效益。

（四）先亏后盈法

对于大型分期建设的工程，在第一期工程投标时，可以将部分间接费分摊到第二期工程中去，并减少利润以争取中标。这样在第二期工程投标时，凭借第一期工程的经验和临时设施以及创立的信誉，比较容易拿到第二期工程。如第二期工程遥遥无期时，则不可以这样考虑。

（五）开标升级法

在投标报价时把工程中某些造价高的特殊工作内容从报价中减掉，使报价成为竞争对手无法相比的低价。利用这种“低价”来吸引招标人，从而取得与招标人进一步商谈的机会，在商谈过程中逐步提高价格。当招标人明白过来当初的“低价”实际上是个钓饵时，往往已经在时间上处于谈判弱势，丧失了与其他投标人谈判的机会。利用这种方法时，要特别注意在最初的报价中说明某项工作的缺项，否则可能会弄巧成拙，真的以“低价”中标。

（六）承诺优惠条件

投标报价附带优惠条件是行之有效的一种手段。招标人评标时，除了主要考虑报价和技术方案外，还要分析别的条件，如工期、支付条件等。所以在投标时主动提出提前竣工、低息贷款、赠给施工设备、免费转让新技术或某种技术专利、免费技术协作、代为培训人员等，均是吸引招标人、利于中标的辅助手段。

（七）争取评标奖励

有时招标文件规定，对某些技术指标的评标，若投标人提供的指标优于规定指标值时，给予适当的评标奖励。因此，投标人应该使招标人比较注重的指标适当地优于规定标准，可以获得适当的评标奖励，有利于在竞争中取胜。但要注意技术性能优于招标规定，将导致报价相应上涨，如果投标报价过高，即使获得评标奖励，也难以与报价上涨的部分相抵，这样评标奖励也就失去了意义。

第四章　工程施工中的安全控制措施

第一节　工程项目安全生产概述

一、安全生产管理基本概念

（一）危险与安全

危险与安全是相对的概念，是人们对生产、生活可能遭受健康损害和人身伤亡的综合认识。

1.危险

危险是指系统中存在特定危险事件发生的可能性与后果的总称。一般用危险度表示具有严重后果的事件发生的可能性程度。

2.安全

安全是指生产系统中人员免遭不可承受危险的伤害。简单地讲，即在系统中人员、财产不受威胁，没有威胁，不出事故。

（二）事故与事故隐患

1.事故

事故多指生产、工作中发生的意外损失或灾祸。在生产过程中，事故是指造成人员死亡、伤害、财产损失或者其他损失的意外事件。

2.事故隐患

隐患是指潜藏的祸患。事故隐患泛指生产系统中导致事故发生的人的不安全行为、物的不安全状态和管理上的缺陷。

（三）本质安全

本质安全是指设备、设施或者技术工艺含有内在的能够从根本上防止事故发生的功能。具体包含两方面的内容：

（1）失误-安全功能。指操作者即使操作失误，也不会发生事故或伤害。或者说，设备、设施或者技术工艺本身具有自动防止人的不安全行为的功能。

（2）故障-安全功能。指设备、设施或者技术工艺发生故障或损坏时，还能暂时维持正常工作或自动转换为安全状态。

上述两种安全功能，应当是设备、设施或者技术工艺本身所固有的。本质安全是安全生产管理“预防为主”的根本体现，也是安全生产管理的努力方向和最高境界。现实中由于技术、资金和人的认识等原因，还很难做到全部的本质安全。

（四）安全生产与安全生产管理

1.安全生产

安全生产是为了使生产过程在符合物质条件和工作程序下进行，防止发生人身伤亡、财产损失等事故，而采取的消除或控制危险和有害因素、保障人身安全和健康以及保证设备和设施免遭损坏、环境免遭破坏的一系列措施和活动。广义地讲，安全生产是指为了保证生产过程不伤害劳动者和周围人员的生命和人身体健康、不使相关财产遭受损失的一切行为。安全生产是由社会科学和自然科学两个科学范畴相互渗透、相互交织构成的保护人和财产的政策性和技术性的综合学科。

2.安全生产管理

安全生产管理是管理的重要组成部分，是安全科学的一个分支。所谓安全生产管理，就是针对人们生产过程的安全问题，运用有效的资源，发挥人们的智慧，通过人们的努力，进行有关决策、计划、组织和控制等活动，实现生产过程中人与机器设备、物料、环境的和谐，达到安全生产的目标。

它是根据系统的观点提出来的一种组织管理方法，是施工企业全体职工及各部门同心协力，把专业技术、生产管理、数理统计和安全教育结合起来，建立起从签订施工合同，进行施工组织设计、现场平面设置等施工准备工作开始，到施工的各个阶段，直至工程竣工验收活动全过程的安全保证体系，采用行政的、经济的、法律的、技术的和教育等手段，有效控制设备事故、人身伤亡事故和职业危害的发生，实现安全生产、文明施工。

（五）安全生产法律法规

在我国，安全生产法律法规是指为加强安全生产监督管理，防止和减少生产安全事故，保障人民群众生命和财产安全，实现安全生产，由全国人大及常务委员会按照法定程序制定颁发的法律，以及国务院和地方人大及常务委员会制定颁发的行政法规和地方法规。

（六）安全技术标准规范

安全技术标准规范是指依据国家安全生产法律、法规，为消除生产过程中的不安全因素，防止人身伤害和财产损失事故的发生，国家、行业主管部门和地方政府制定的有关技术工艺、设备、设施及操作、防护等方面应采取的安全技术方法和措施。

（七）安全生产规章制度

安全生产规章制度是指国家、行业主管部门和地方政府以及企事业单位根据国家法律、法规和标准、规范，结合实际情况制定颁布的安全生产方面的具体工作制度。

（八）安全管理的主要内容

1.建立安全生产制度

安全生产制度必须符合国家和地区的有关政策、法规、条例和规程，并结合本施工项目的特点，明确各级各类人员安全生产责任制，要求全体人员必须认真贯彻执行。

2.贯彻安全技术管理

编制施工组织设计时，必须结合工程实际，编制切实可行的安全技术措施，并要求全体人员必须认真贯彻执行。执行过程中发现问题，应及时采取妥善的安全防护措施。要不断积累安全技术措施在执行过程中的技术资料，进行研究分析，总结提高，以利于以后工程的借鉴。

3.坚持安全教育和安全技术培训

组织全体人员认真学习国家、地方和本企业的安全生产责任制、安全技术规程、安全操作规程和劳动保护条例等。新工人进入岗位之前要进行安全纪律教育，特种专业作业人员要进行专业安全技术培训，考核合格后方能上岗。要使全体职工经常保持高度的安全生产意识，牢固树立“安全第一”的思想。

4.组织安全检查

为了确保安全生产，必须要有监督监察。安全检查员要经常查看现场，及时排除施工中的不安全因素，纠正违章作业，监督安全技术措施的执行，不断改善劳动条件，防止工伤事故的发生。

5.进行事故处理

人身伤亡和各种安全事故发生后，应立即进行调查，了解事故产生的原因、过程和后果，提出鉴定意见。在总结经验教训的基础上，有针对性地制定防止事故再次发生的可靠措施。

二、我国水利工程建筑安全生产管理发展历史和现状

（一）安全生产管理发展历史

人类要生存、要发展，就需要认识自然、改造自然，通过生产活动和科学研究，掌握自然变化规律。科学技术的不断进步，生产力的不断发展，使人类生活越来越丰富，也产生了威胁人类安全与健康的安全问题。

人类“钻木取火”的目的是利用火，如果不对火进行管理，火就会给使用火的人们带来灾难。在公元前27世纪，古埃及第三王朝在建造金字塔时，组织10万人花20年的时间开凿地下甬道和墓穴及建造地面塔体，对于如此庞大的工程，生产过程中没有管理是不可想象的。在古罗马和古希腊时代，维护社会治安和救火的工作由禁卫军和值班团承担。到公元12世纪，英国颁布了《防火法令》，17世纪颁布了《人身保护法》，安全管理有了自己的内容。

在我国，早在公元前8世纪，周朝人所著《周易》一书中就有“水火相忌”“水在火上既济”的记载，说明了用水灭火的道理。自秦人开始兴修水利以来，其后几乎我国历朝历代都设有专门管理水利的机构。到北宋时期消防组织已相当严密。据《东京梦华录》一书记载，当时的首都汴京消防组织十分严密，消防管理机构不仅由地方政府设置，而且由军队担负值勤任务。

到20世纪初，现代工业兴起并快速发展，重大生产事故和环境污染相继发生，造成了大量的人员伤亡和巨大的财产损失，给社会带来了极大危害，使人们不得不在一些企业设置专职安全人员，对工人进行安全教育。到了20世纪30年代，很多国家设立了安全生产管理的政府机构，发布了劳动安全卫生的法律法规，逐步建立了较完善的安全教育、管理、技术体系，呈现了现代安全生产管理雏形。

进入20世纪50年代，经济的快速增长，使人们生活水平迅速提高，创造就业机会、改进工作条件、公平分配国民生产总值等问题，引起了越来越多经济学家、管理学家、安全工程专家和政治家的注意。工人强烈要求不仅有工作机会，还要有安全与健康的工作环境。一些工业化国家，进一步加强了安全生产法律法规体系建设，在安全生产方面投入大量的资金进行科学研究，加强企业生产安全管理的制度化建设，产生了一些安全生产管理原理、事故致因理论和事故预防原理等风险管理理论，以系统安全理论为核心的现代安全管理方法、模式、思想、理论基本形成。

（二）中华人民共和国成立以来我国安全生产管理的发展

纵观中华人民共和国成立以来我国安全生产状况，可分为5个历史阶段：

（1）初创于“一五”发展期（1949—1957 年）。此为我国安全生产工作初创期，并为今后发展奠定了重要基础。

（2）“大跃进”时期与之后的调整期（1958—1965 年）。“大跃进”期间对我国安全生产造成非常严重的破坏，“大跃进”之后的调整期出现了相对的稳定局面。

（3）“文化大革命”时期（1966—1976 年）。这一时期给我国安全工作带来了灾难性的后果。

（4）拨乱反正、恢复发展和改革开放时期（1977—1992 年）。我国安全生产管理体制得到恢复和加强。

（5）高速发展和开始建立社会主义市场经济时期（1993 年至今）。2001 年以来，党中央、国务院对我国安全生产工作采取了一系列重大举措，成立了国务院安全生产委员会，组建了国家安全生产监督管理局，颁布了《中华人民共和国安全生产法》《中华人民共和国道路交通安全法》《国务院关于特大安全事故行政责任追究的规定》《建设工程安全生产管理条例》等法律法规。

（三）当前建筑安全生产存在的问题

据国家统计局统计，2008 年我国的建筑业从业人数达 4100 万人，是一支庞大的行业劳动群体，但是他们的劳动环境和安全状况却存在很大的问题。由于行业特点、工人素质、管理难度等原因，以及文化观念、社会发展水平等社会现实，建筑施工安全生产形势严峻，建筑业已经成为我国所有工业部门中仅次于采矿业的最危险的行业。

虽然近年来，我国各级政府对建筑安全生产工作非常重视，安全管理水平比以前有大幅度的提高，建筑安全状况得到了很大程度的改善，然而，由于政治、经济、技术、文化等发展水平所限，目前我国建筑安全生产管理工作还存在一些问题。

具体来说，主要有以下一些方面的问题制约着建筑安全生产水平的提高：

1.法律法规方面

建筑工程相关的安全生产法律法规和技术标准体系有待进一步完善。我国自新中国成立以来颁布实施了诸多有关安全生产、劳动保护方面的法律法规和标准规范。其中涉及建筑安全生产的法律法规主要包括《中华人民共和国劳动法》《中华人民共和国建筑法》《中华人民共和国安全生产法》和《建设工程安全生产管理条例》《安全生产许可证条例》，初步形成了我国建筑安全生产、劳动保护的法规体系，对提高企业安全生产水平、减少伤亡事故起到了积极作用。但必须承认的是，随着社会的发展，政府监管机构的变化，已暴露出不少缺陷和问题，与工业发达国家相比存在习惯采用行政手段而不是法律手段来管理安全生产、法律法规有待进一步健全等问题。

2.政府监管方面

安全生产综合管理等部门与建设行政主管部门在安全生产监督管理工作中还存在一定程度上的职能交叉，造成监管不到位，责任难以理清；建筑安全监管体系不够完善，监督管理机构不健全，安全鉴定人员数量少，经费不落实，不能满足日常监督管理的需要；建筑安全生产的监督管理手段落后，方式单一，监管力度不够，不适应社会主义市场经济和建筑业快速发展的需要。

3.投资主体方面

随着改革的深入和经济的快速发展，建设工程投资主体日趋多元化，法人、私人和外商投资越来越多。有的投资方为了早日发挥项目的效益，违背客观规律，单一追求施工进度，迫使承包单位大量增加人力、物力投入，简化施工程序，压缩合同约定工期；有的投资方对施工现场所需安全措施费用不予认可，拒绝支付安全生产所需经费，导致施工单位安全生产投入严重不足。

4.人员素质方面

据统计，我国建筑从业人员 80%以上是农民工，整体素质不高，建筑业管理和技术人员偏少，技术人员仅占 5.3%，管理人员仅占 4.9%，特别是专职安全管理人员数量少，素质不高，施工现场一线作业人员的安全意识较差和安全操作能力较低，达不到安全作业的需要。

5.施工安全技术方面

建筑业安全生产科技相对落后，尤其是近年来，施工难度大、科技含量高和施工危险性大的工程项目增多，给施工安全管理带来了新课题，而现行的许多规范和标准已经不能满足建筑业技术进步和施工安全的要求。

6.企业安全管理方面

随着我国经济体制改革的深化，施工单位的经济成分、组织形式、承包方式日趋多样化，由过去单一国有、集体经济成分，转变为国有、股份制、私营、外商投资、个体并存等多种形式。一些施工单位过分注重自身的经济利益，忽视生产安全，安全生产资金投入不足，安全防护措施得不到落实。个别施工单位甚至取消了安全管理机构和专职安全生产管理人员，致使安全生产处于无人管理状态。在施工过程中有章不循、违章指挥、违章作业和违反劳动纪律的现象普遍存在。

7.安全教育方面

施工单位安全教育培训制度不健全，从业人员的安全教育落不到实处，持证上岗的特种作业人员和管理人员的培训质量不高。

8.安全设施和用具

安全防护设施一方面未按规定设置或设置不齐全；另一方面设施简陋，起不到安全防护的作用。个人安全防护装备落后，质量低劣，防滑鞋、安全防护服装等配备严重不足。

三、安全生产方针政策

（一）安全生产方针

《中华人民共和国安全生产法》在总结我国安全生产管理经验的基础上，将“安全第一，预防为主”规定为我国安全生产工作的基本方针。在十六届五中全会上，党和国家坚持以科学发展观为指导，从经济和社会发展的全局出发，不断深化对安全生产规律的认识，提出了“安全第一，预防为主，综合治理”的安全生产方针。

“安全第一”，就是在生产经营活动中，在处理保证安全与生产经营活动的关系上，要始终把安全放在首要位置，优先考虑从业人员和其他人员的人身安全，实行“安全优先”的原则。在确保安全的前提下，努力实现生产的其他目标。

“预防为主”，就是按照系统化、科学化的管理思想，按照事故发生的规律和特点。千方百计预防事故的发生，做到防患于未然，将事故消灭在萌芽状态。虽然人类在生产活动中还不可能完全杜绝事故的发生，但只要思想重视，预防措施得当，事故是可以大大减少的。

“综合治理”，就是标本兼治，重在治本，在采取断然措施遏制重特大事故，实现治标的同时，积极探索和实施治本之策，综合运用科技手段、法律手段、经济手段和必要的行政手段，从发展规划、行业管理、安全投入、科技进步、经济政策、教育培训、安全立法、激励约束、企业管理、监管体制、社会监督以及追究事故责任、查处违法违纪等方面着手，解决影响制约我国安全生产的历史性、深层次问题，做到思想认识上警钟长鸣，制度保证上严密有效，技术支撑上坚强有力，监督检查上严格细致，事故处理上严肃认真。

（二）安全生产的重要性

安全生产工作十分重要，关系到人民群众生命和财产安全，关系到社会稳定和经济健康发展。

1.安全生产关系到人民群众生命和财产安全

人民群众的生命安全是人民群众根本利益所在，各级人民政府及其有关部门和企事业单位，都必须以对人民群众高度负责的精神，始终坚持“以人为本”的思想，把安全生产作为各项工作中的首要任务来抓。

2.安全生产关系到社会稳定的大局

如果一个地区、部门或单位的负责人只重视生产，只重视经济工作，轻视安全生产，把安全生产和经济发展对立起来，对一些重大事故隐患视而不见，造成重大安全事故频频发生，势必影响本单位、本部门、本地区，甚至整个社会的稳定。

3.安全生产直接关系到经济的健康发展

安全生产是经济健康有序发展的前提和保障，没有安全作为基础，生产经营活动就无法正常进行，还会不同程度地影响经济的发展和正常的经济秩序。

第二节　安全生产管理的基本要求

安全管理是建筑施工企业管理的重要组成部分，包括对人的安全管理和对物的安全管理两个主要方面。其中，对人的安全管理尤为重要。在导致事故发生的诸多原因中，人的不安全因素占有很大的比例，人既是伤亡事故的受害者，又是肇事者，控制人的不安全行为是防止事故发生的关键。因此，根据《安全生产法》和《建设工程安全生产管理条例》的规定，建筑施工企业应当建立健全以安全生产责任制为核心的安全生产教育培训、安全检查以及机械设备、安全防护用具等安全生产管理制度。

一、安全生产责任制

（一）安全生产责任制的概念

安全生产责任制是建筑施工企业最基本的安全生产管理制度，是依照“安全第一，预防为主”的安全生产方针和“管生产必须管安全”的原则，将企业各级负责人、各职能机构及其工作人员和各岗位作业人员在安全生产方面应做的工作及应负的责任加以明确规定的一种制度。安全生产责任制是建筑施工企业所有安全规章制度的核心。

（二）安全生产责任制制定的原则

1.合法性

必须符合国家有关法律、法规和政策、方针的要求，并及时修订。

2.全面性

必须明确每个部门和人员在安全生产方面的权利、责任和义务，做到安全工作层层有人负责。

3.可操作性

必须建立专门的考核机构，形成监督、检查和考核机制，保证安全生产责任制得到真正落实。

（三）安全生产责任制的主要内容

安全生产责任制主要包括施工单位各级管理人员和作业人员的安全生产责任制以及各职能部门的安全生产责任制。各级管理人员和作业人员包括：企业负责人、分管安全生产负责人、技术负责人、项目负责人和负责项目管理的其他人员、专职安全生产管理人员、施工班组长及各工种作业人员等。各职能部门包括：施工单位的生产计划、技术、安全、设备、材料供应、劳动人事、财务、教育、卫生、保卫消防等部门及工会组织等。安全生产责任制主要包括以下内容：

（1）部门和人员的安全生产职责。

（2）履行安全生产职责情况的检查程序与内容。

（3）安全生产职责的考核办法、程序与标准。

（4）奖惩措施与落实。

（四）各级管理人员和作业人员的安全生产责任制

1.施工单位主要负责人

《建设工程安全生产管理条例》规定：“施工单位主要负责人依法对本单位的安全生产工作全面负责。”其职责主要包括：

（1）认真贯彻、执行国家有关建筑安全生产的方针、政策、法律法规和标准，贯彻、执行省市有关建筑安全生产的法规、规章、标准、规范和规范性文件。

（2）组织和督促本单位安全生产工作，建立健全本单位安全生产责任制。

（3）组织制定本单位安全生产规章制度和操作规程。

（4）组织开展本单位的安全生产教育培训。

（5）保证本单位安全生产所需资金的投入。

（6）建立健全安全管理机构，配备专职安全管理人员，组织开展安全检查，及时消除生产安全事故隐患。

（7）组织制定本单位生产安全事故应急救援预案，组织、指挥本单位生产安全事故应急救援工作。

（8）发生事故后，积极组织抢救，采取措施防止事故扩大，同时保护好事故现场，并按照规定的程序及时如实报告，积极配合事故的调查处理。

2.施工单位分管安全生产负责人

施工单位分管安全生产负责人的主要职责包括：

（1）认真贯彻、执行国家有关建筑安全生产的方针、政策、法律法规和标准，贯彻、执行省市有关建筑安全生产的法规、规章、标准、规范和规范性文件。

（2）协助本单位主要负责人做好并具体负责安全生产管理工作。

（3）组织制订并落实安全生产管理目标。

（4）负责本单位安全管理机构的日常管理工作。

（5）负责安全检查工作，落实整改措施，及时消除施工过程中的不安全因素。

（6）落实本单位管理人员和作业人员的安全生产教育培训和考核工作。

（7）落实本单位生产安全事故应急救援预案和事故应急救援工作。

（8）发生事故后，积极组织抢救，采取措施防止事故扩大，同时保护好事故现场，积极配合事故的调查处理。

3.施工单位技术负责人

施工单位负责人的职责主要包括：

（1）认真贯彻、执行国家有关建筑安全生产的方针、政策、法律法规和标准，贯彻、执行省市有关建筑安全生产的法规、规章、规范和规范性文件。

（2）协助主要负责人做好并具体负责本单位的安全技术管理工作。

（3）组织编制和审批施工组织设计和专业性较强的工程项目的安全施工方案。

（4）负责对本单位使用的新材料、新技术、新设备、新工艺制定相应的安全技术措施和安全操作规程。

（5）参与制定本单位的安全操作规程和生产安全事故应急救援预案。

（6）参与生产安全事故和未遂事故的调查，从技术上分析事故原因，针对事故原因提出技术措施。

4.项目负责人主要职责包括：

（1）认真贯彻、执行国家有关建筑安全生产方针、政策、法律法规和标准，贯彻、执行省市有关建筑安全生产的法规、规章、标准、规范和规范性文件。

（2）落实本单位安全生产责任制和安全生产规章制度。

（3）建立工程项目安全生产保证体系，配备与工程项目相适应的安全管理人员。

（4）保证安全防护和文明施工资金的投入，为作业人员提供必要的个人劳动保护用具和符合安全、卫生标准的生产、生活环境。

（5）落实本单位安全生产检查制度，对违反安全技术标准、规范和操作规程的行为及时予以制止或纠正。

（6）落实本单位施工现场的消防安全制度，确定消防责任人，按照规定配备消防器材和设施。

（7）落实本单位安全教育培训制度，组织岗前和班前安全生产教育。

（8）根据施工进度，落实本单位和组织制定的安全技术措施，按规定程序进行安全技术“交底”。

（9）使用符合要求的安全防护用具及机械设备，定期组织检查、维修、保养，保证安全防护设施有效，机械设备安全使用。

（10）根据施工特点，组织对施工现场易发生重大事故的部位、环节进行监控。

（11）按照本单位或总承包单位制定的施工现场生产安全事故应急救援预案，

建立应急救援组织或者配备应急救援人员、器材、设备等，并组织演练。

（12）发生事故后，积极组织抢救，采取措施防止事故扩大，同时保护好事故现场，按照规定的程序及时如实报告，积极配合事故的调查处理。

5.专职安全生产管理人员

专职安全生产管理人员负责对安全生产进行现场监督检查，其主要职责包括：

（1）认真贯彻、执行国家有关建筑安全生产的方针、政策、法律法规和标准，贯彻、执行省、市有关建筑安全生产的法规、规章、标准、规范和规范性文件。

（2）监督专项安全施工方案和安全技术措施的执行，对施工现场安全生产进行监督检查。

（3）发现生产安全事故隐患，及时向项目负责人和安全生产管理机构报告，并监督检查整改情况。

（4）及时制止施工现场的违章指挥、违章作业行为。

（5）发生事故后，应积极参加抢救和救护，并按照规定的程序及时如实报告，积极配合事故的调查处理。

6.施工班组长

施工班组长的主要职责包括：

（1）认真贯彻、执行国家和省、市有关建筑安全生产的方针、政策、法律法规、规章、标准、规范和规范性文件。

（2）具体负责本班组在施工过程中的安全管理工作。

（3）组织本班组的班前安全学习。

（4）严格执行安全技术“交底”。

（5）严格执行各项安全生产规章制度和安全操作规程。

（6）不违章指挥和冒险作业，严禁班组成员违章作业，对违章指挥提出意见，并有权拒绝执行。

（7）发生生产安全事故后，应积极参加抢救和救护，保护好事故现场，并按照规定程序及时如实报告。

7.作业人员

作业人员的主要职责包括：

（1）认真贯彻、执行国家和省、市有关建筑安全生产的方针、政策、法律法规、规章、标准、规范和规范性文件。

（2）认真学习、掌握本岗位的安全操作技能，提高安全意识和自我保护能力。

（3）积极参加本班组的班前安全活动。

（4）严格遵守工程建设强制性标准以及本单位的各项安全生产规章制度和安全操作规程。

（5）严格按照安全技术“交底”进行作业。

（6）正确使用安全防护用具和机械设备。

（7）遵守劳动纪律，不违章作业，有权拒绝违章指挥。

（8）发生生产安全事故后，保护好事故现场，并按照规定的程序及时如实报告。

（五）安全生产责任制的考核

为了确保安全生产责任制落到实处，施工单位应当制定安全生产责任考核办法并予以实施。考核办法主要包括下列内容：

（1）组织领导。施工单位和工程项目部建立安全生产责任制考核机构。

（2）考核范围。施工单位各级管理人员、工程项目管理人员和作业人员，以及施工单位各职能部门、分支机构和项目部。

（3）考核内容。各项安全生产责任制确定的安全生产目标，为实现安全生产目标所采取的措施和安全生产业绩等情况。

（4）考核时间。主要是考核的时间周期。考核周期可根据企业具体情况而定。

（5）考核方法。考核方法可采取百分制或扣分制。实行分级考核：施工单位各职能部门、分支机构、项目部和管理人员以及工程项目负责人由施工单位考核机构进行考核，项目部管理人员、作业人员由工程项目部考核机构进行考核。

（6）考核结果。考核结果可分为优秀、合格和不合格。

（7）奖惩措施。对考核优秀的，给予奖励；对考核不合格的，给予处罚。奖罚必须兑现。

二、安全目标管理

（一）目标管理

目标管理是企业在一定时期内，通过确定总目标、分解目标、落实措施、安排进度、具体实施、严格考核的自我控制，达到最终目的的一种管理方法。目标管理把“以工作为中心”和“以人为中心”的管理办法有机结合起来，使人理解工作的目标，实行自我控制。在保证完成任务的前提下，人可以自主地、创造性地选择完成任务的方法，能够充分发挥人的积极性和创造性。目标管理具有先进性、科学性、实用性和有效性。

（二）安全目标管理的概念和意义

安全目标管理是依据行为科学的原理，以系统工程理论为指导，以科学方法为手段，围绕企业生产经营总目标和上级对安全生产的考核指标及要求，结合本企业中远期安全管理规划和近期安全管理状况，制订出一个时期的安全工作目标，并为这个目标的实现而建立安全保证体系、制定行之有效的保证措施。安全目标管理的要素包括目标确定、目标分解、目标实施和检查考核四部分。

施工单位实行安全目标管理，有利于激发人在安全生产工作中的责任感，提高职工安全技术素质，促进科学安全管理方式的推行，充分体现了“安全生产，人人有责”的原则，使安全管理工作科学化、系统化、标准化和制度化，实现安全管理全面达标。

（三）安全管理目标的确定

1.安全管理目标的依据

（1）国家的安全生产方针、政策和法律、法规的规定。

（2）行业主管部门和地方政府签订的安全生产管理目标和有关规定、要求。

（3）企业的基本情况，包括技术装备、人员素质、管理体制和施工任务等。

（4）企业的中长期规划，近期的安全管理状况。

（5）上年度伤亡事故情况及事故分析。

2.安全管理目标的主要内容

（1）生产安全事故控制目标。施工单位可根据本单位生产经营目标和上级有关安全生产指标确定事故控制目标，包括确定死亡、重伤、轻伤事故的控制指标。

（2）安全达标目标。施工单位应当根据年度在建工程项目情况，确定安全达标的具体目标。

（3）文明施工实现目标。施工单位应当根据当地主管部门的工作部署，制订创建省级、市级安全文明工地的总体目标。

（4）其他管理目标。如企业安全教育培训目标、行业主管部门要求达到的其他管理目标等。

3.安全管理目标确定的原则

制订安全目标，要根据施工单位的实际情况科学分析，综合各方面的因素，做到重点突出，方向明确，措施对应，先进可行。目标确定应遵循以下原则：

（1）重点性。制定目标要主次分明、重点突出、按职定责。安全管理目标要突出生产安全事故、安全达标等方面的指标。

（2）先进性。目前的先进性即它的适应性和挑战性。确定的目标高于实施者的能力和水平，使之经过努力可以完成。

（3）可比性。尽量使目标的预期成果做到具体化、定量化。如负伤频率不能笼统地提出比去年有所下降，而应当具体提出降低的百分比。

（4）综合性。制定目标既要保证上级下达指标的完成，又要兼顾企业各个环节、各个部门和每个职工的能力。

（5）对应性。每个目标、每个环节要有针对性措施，保证目标实现。

（四）安全管理目标的实施

安全管理目标的实施阶段是安全目标管理取得成效的关键环节。安全管理目标的实施就是执行者根据安全管理目标的要求、措施、手段和进度将安全管理目标进行落实，保证按照目标要求完成。安全管理目标的实施阶段应做好以下几个方面的工作。

（1）建立分级负责的安全责任制。制定各个部门、人员的责任制，明确各部门、人员的权利和责任。

（2）建立安全保证体系。通过安全保证体系，形成网络，使各层次互相配合，互相促进，推进目标管理顺利开展。

（3）建立各级目标管理组织，加强对安全目标管理的组织领导工作。

（4）建立危险性较大的分部分项工程跟踪监控体系。发现事故隐患，及时进行整改，保证施工安全。

三、施工组织设计

（一）施工组织设计的概念

施工组织设计指以施工项目为对象编制的，用以指导其施工全过程各项施工活动的技术、经济、组织、协调和控制的综合性文件。

施工组织设计是施工单位在施工前，按照国家和行业的法律、法规、标准等有关规定，从施工的全局出发，根据工程概况、施工工期、场地环境等条件，以及机械设备、施工机具和变配电设施的配备计划等具体条件，对工程施工程序、施工流向、施工顺序、施工进度、施工方法、施工人员、技术措施（包括质量和安全）、材料供应以及运输道路、设备设施和水电能源等现场设施的布置和建设做出规划，以便对施工中的各种需要和变化做好事前准备，使施工建立在科学合理的基础上，从而取得较好的经济效益和社会效益。施工组织设计是组织工程施工的纲领性文件，是保证安全生产的基础。

（二）施工组织设计的分类

1.施工组织总设计

以建设项目或者群体工程为对象编制，对其统筹规划，用以指导其建设全过程的施工组织设计。主要内容包括：建设项目概况、施工总目标、施工组织、施工部署和施工方案，建设项目的施工准备工作、资源、环境、施工安全、质量、实施和总成本等计划以及施工总平面、主要技术经济指标。施工组织设计是编制单位工程施工组织设计的基础。

2.单位（项）工程施工组织设计

单位（项）工程施工组织设计是以一个单位工程或者单项工程为对象编制的在施工总设计的总体规划和控制下，进行较具体、详细的施工安排，是指导工程项目生产活动的综合性文件，也是编制分部分项工程施工组织设计的基础。

3.分部分项工程施工组织设计

分部分项工程施工组织设计是以一个分部工程或一个分项工程为对象进行编制，用以指导各项作业活动的技术、经济、组织、协调和控制的综合性文件。

（三）施工组织设计编制的原则和要求

编制施工组织设计应遵循下列原则和要求：

（1）认真贯彻国家、行业工程建设的法律、法规、标准和规范等。

（2）严格执行工程建设程序，坚持合理的施工程序、顺序和工艺。

（3）优先选用先进施工技术，充分利用施工机械设备，提高施工的机械化、自动化程度，改善劳动条件，提高劳动生产率。

（4）认真编制各项实施计划，科学安排夏季、冬季和雨期施工，严格控制工程质量、安全、进度和成本，保证全年施工的均衡性和连续性。

（5）按照“安全第一，预防为主”的方针，制定安全技术措施，防止生产安全事故的发生。

（6）按照国家、行业和地方的有关规定，制定文明施工措施。

（7）充分考虑对周边环境的影响，对施工现场毗邻的建筑物、构筑物以及施工现场内的各类地下管线制定保护措施。

（四）施工组织设计的编制和审批

施工组织设计由施工单位技术负责人组织有关人员进行编制，施工单位的施工技术、安全、设备等部门进行会审，经施工单位技术负责人和工程监理单位总监理工程师审批签字。

（五）施工组织设计的实施

1.施工组织设计的修订

施工单位必须严格执行施工组织设计，不得擅自修改经过审批的施工组织设计。如因设计、结构等因素发生变化，确需修订的应重新履行会审、审批程序。

2.施工组织设计的监督实施

施工单位的项目负责人应当组织项目管理人员认真落实施工组织设计。在施工组织设计的实施过程中，专职安全生产管理人员和工程监理单位的监理人员要按照安全技术“交底”进行施工，将安全技术措施落到实处；施工单位的施工技术、安全、设备等有关部门应当对施工组织设计的实施进行监督落实，保证各分部分项工程按照施工组织设计顺利进行。

四、安全技术措施

安全技术措施是指针对建筑安全生产过程中已知的或潜在的危险因素，采取的消除或控制的技术性措施。安全技术措施是施工组织设计和专项施工方案的重要组成部分。

（一）安全技术措施编制的原则和要求

施工单位在编制施工组织设计时，应当根据建筑工程的特点制定相应的安全技术措施。安全技术措施的编制应当符合下列原则和要求：

（1）规范性。应当符合国家和行业的技术标准、规范。

（2）针对性。应当从工程项目所处位置、施工环境条件、结构特点、施工工艺、设备机具配备以及安全生产目标等方面进行全面、充分的考虑，并结合本单位的技术条件和管理经验。对专业性较强的分部分项工程以及涉及新技术、新工艺、新设备、新材料的工程，施工单位应当单独编制安全技术措施。

（3）可操作性。应当便于作业人员理解掌握，确保技术措施能够得到有效落实。

（二）安全技术措施的主要内容

安全技术措施的主要内容包括：

（1）进入施工现场安全方面的规定。

（2）地基与深基坑的安全防护。

（3）高处作业与立体交叉作业的安全防护。

（4）施工现场临时用电工程的设置和使用。

（5）施工机械设备和起重机机械设备的安装、拆卸和使用。

（6）采用新技术、新工艺、新设备、新材料时的安全技术。

（7）预防台风、地震、洪水等自然灾害的措施。

（8）防冻、防滑、防寒、防中暑、防雷击等季节性施工措施。

（9）防火、防爆措施。

（10）易燃易爆物品仓库、配电室、外电线路、起重机械的平面布置和大模板、构件等物料堆放。

（11）对施工现场毗邻的建筑物、构筑物以及施工现场内各类地下管线的保护。

（三）安全技术措施资金投入

在建筑施工中，安全防护设施不设置或不到位，是造成事故的主要原因之一。安全防护设施不设置或不到位往往是由于是建设单位和施工单位未按照国家法律、法规的有关规定，保证安全技术措施资金的投入。为保证安全生产，建设单位和施工单位应当确保安全技术措施资金的投入。

（1）建设单位在编制工程概算时，应当考虑建设工程安全专业环境及安全施工措施所需的费用。建设单位应当按照有关法律、法规的规定，保证安全生产资金的投入。

（2）对于有特殊安全防护要求的工程，建设单位和施工单位应当根据工程实际需要，在合同中约定安全措施所需费用。施工单位在动力设备、输电线路、地下管道、密封防震车间、易燃易爆地段以及在交通要道附近施工时，施工开始前应向监理工程师提出安全防护措施，经监理工程师认可后实施，防护措施费用由建设单位承担。实施爆破专业，在放射、毒害性环境中施工（含储存、运输、使用等）及使用毒害性、腐蚀性物品施工时，施工单位应在施工前以书面形式通知监理工程师，并提出相应的安全防护措施，经监理工程师认可后实施，由建设单位承担安全防护措施费用。

（3）施工单位应当保证本单位的安全生产投入。施工单位应当制定安全生产投入的计划和措施，企业负责人和工程项目负责人应当采取措施确保安全投入的有效落实，保证工程项目实施过程中用于安全生产的人力、财力、物力到位，满足安全生产和文明施工的需要。

（4）对列入建设工程概算的安全作业环境及安全施工措施所需费用，应当用于施工安全防护用具及设施的采购和更新、安全施工措施的落实和安全生产条件的改善，不得挪作他用。

（四）安全技术“交底”

1.概念

安全技术“交底”是指将预防和控制安全事故发生及减少其危害的安全技术措施以及工程项目、分部分项工程概况向作业班组、作业人员做出说明。安全技术“交底”制度是施工单位有效预防违章指挥、违章作业和伤亡事故发生的一种有效措施。

2.程序和要求

施工前，施工单位的技术人员应当将工程项目、分部分项工程概况以及安全技术措施要求向施工作业班组、作业人员进行安全技术“交底”，使全体作业人员明白工程施工特点及各施工阶段安全施工的要求，掌握各自岗位职责和安全操作方法。安全技术“交底”的要求主要包括：

（1）施工单位负责项目管理的技术人员向施工班组长、作业人员进行“交底”。

（2）“交底”必须具体、明确、针对性强。“交底”要依据施工组织设计和分部分项安全施工方案和安全技术措施的内容，以及分部分项工程施工给作业人员带来的潜在危险因素，就作业要求和施工中应注意的安全事项有针对性地进行“交底”。

（3）各工种的安全技术“交底”一般与分部分项安全技术“交底”同步进行。对施工工艺复杂、施工难度较大或作业条件危险的，应当单独进行各工种的安全技术“交底”。

（4）“交接底”应当采用书面形式。

（5）“交接底”双方应当签字确认。

3.主要内容

（1）工程项目和分部分项工程的概况。

（2）工程项目和分部分项工程的危险部位。

（3）针对危险部位采取的具体防范措施。

（4）作业中应注意的安全事项。

（5）作业人员应遵守的安全操作规程和规范。

（6）作业人员发现事故隐患后应采取的措施。

（7）发生事故后应及时采取的避险和急救措施。

五、安全检查

（一）安全检查的概念

安全检查是指对生产过程及安全管理中存在的隐患、有害与危险因素、缺陷等进行查证，以确定隐患与危险因素、缺陷的存在状态，分析可能转化为事故的条件，制定整改措施，消除隐患与危险因素，确保安全生产的工作方法。

安全检查是安全生产管理工作的一项重要内容，是安全生产工作中发现不安全状况和不安全行为的有效措施，是消除事故隐患、落实整改措施、防止伤亡事故发生、改善劳动条件的重要手段。

（二）安全检查制度

施工单位应当建立健全安全检查制度，其主要内容包括：

（1）安全检查的目的。

（2）安全检查的组织。

（3）安全检查的内容、形式与方法（包括施工企业、分公司、工程项目等各级安全检查）、时间或周期。

（4）隐患整改与复查。

（5）总结、评比与奖惩。

（三）安全检查的形式

1.定期安全检查

定期安全检查一般是通过有计划、有目的、有组织的形式来实现的。检查周期可根据施工单位的具体情况确定。如施工单位可确定季查、分公司月查、施工现场周查、班组日查等制度。定期检查范围广、深度大，能解决一些普遍存在的问题。

2.经常性安全检查

经常性安全检查是通过日常的巡视方式实现的。如施工班组班前、班后的岗位安全检查，各级安全员及安全值班人员日常巡回检查等，能够及时发现隐患并及时消除，保证施工正常进行。

3.专项安全检查

专项安全检查针对某个专项问题或在施工中存在的普遍性安全问题进行的单项或定向检查，如模板工程、施工起重机械、防尘、防毒及防火检查等。专项（业）检查具有较强的针对性和专业性要求，一般针对检查难度较大或者存在问题较多的部位或分部、分项工程开展。通过检查，发现潜在问题，研究整改对策，及时消除隐患。

4.季节性、节假日安全检查

季节性安全检查是针对气候特点（如夏季、冬季、雨期等）可能给安全施工带来危害而组织的安全检查。

节假日安全检查是在节假日（如元旦、春节、劳动节、国庆节）期间和节假日前、后，针对职工容易纪律松懈、思想麻痹等时期的安全检查。

5.综合性安全检查

综合性安全检查一般是主管部门或企业组织的对行业或下属单位进行的全面性综合性安全检查。

（四）安全基础的主要依据和内容

1.安全基础的主要依据

安全基础的主要依据是国家和省、市有关安全生产的法律、法规和安全技术标准、规范。当前常用的建筑安全技术标准、规范主要有 JGJ 59—2011《建筑施工安全检查标准》、JGJ 46—2005《施工现场临时用电安全技术规范》、JGJ 80—2016《建筑施工高处作业安全技术规范》、JGJ 88—2010《龙门架及井架物料提升机安全技术规范》、JGJ/T 128—2019《建筑施工门式钢管脚手架安全技术规范》、JGJ 130—2011

《建筑施工扣件式钢管脚手架安全技术规范》。

2.安全检查的主要内容

（1）国家和省、市有关安全生产的法律、法规和规章的贯彻落实情况。

（2）国家、行业和地方的安全技术标准、规范、规程以及工程建设强制性标准的执行情况。

（3）施工单位安全生产规章制度和安全操作规程的执行情况。

（4）安全生产责任制、安全管理目标的建立和落实情况，安全教育培训制度的落实情况。

（5）安全检查制度的执行情况，安全生产投入落实情况。

（6）生产安全事故的统计上报、调查处理情况，管理人员和特种作业人员持证上岗情况，专项治理和专项检查情况。

（7）生产安全事故应急预案的制度和演练情况。

（8）意外伤害保险制度的落实情况。

（五）安全检查的程序

安全检查一般依照以下程序：

（1）确定检查对象、目的和任务。

（2）制订检查计划，确定检查内容、方法和步骤。

（3）组织检查人员，成立检查组织。

（4）进入被检查单位进行实地检查和必要的仪器测量。

（5）查阅有关安全生产的文件和资料并进行检查访谈。

（6）做出安全检查结论，根据检查情况指出事故隐患和存在的问题，提出整改建议和意见。

（7）被检查单位按照“三定”（定人、定时间、定措施）原则进行整改。

（六）安全检查的一般要求

安全检查要讲科学、讲效果。随着安全管理的科学化、标准化、规范化，目前安全检查基本采用安全检查表和实测实量等手段，进行定性定量的安全评价。施工单位在进行安全检查时应注意以下几点：

（1）充分认识安全检查的重要性和必要性，使之成为规范化、标准化的检查活动。

（2）明确安全检查的目的、内容、标准、要求及方法。

（3）根据检查要求配备检查人员，明确检查负责人，抽调专业人员参加并进行分工。

（4）检查中要对重点项目、关键部位进行重点检查。

（5）检查过程中，对违反安全技术标准、规范和操作规程的行为，检查人员要及时制止或者纠正。

（6）对检查结果要做认真、详细、具体的记录。

（7）对检查出的事故隐患和问题，除进行登记外，还应下发书面的安全隐患整改通知书。

（8）对检查出的事故隐患和问题，被检查单位应制订整改方案，按“三定”原则整改。

（9）负责整改的单位或人员在整改完成后，应填写安全隐患整改报告书，将隐患整改情况报检查单位，经复查验收合格，方可恢复生产。

六、安全生产教育培训

（一）安全生产教育培训的意义

高度重视并加强对建筑行业的安全生产和劳动保护工作，加强对职工的安全生产教育，始终是我国政府坚定不移的一贯方针。《中华人民共和国劳动法》规定：“用人单位必须……对劳动者进行劳动安全卫生教育，防止劳动过程中的事故，减少职业危害。”《安全生产法》规定：“生产经营单位应当对从业人员进行安全生产教育和培训，保证从业人员具备必要的安全生产知识，熟悉有关的安全生产规章制度和安全操作规程，掌握本岗位的安全操作技能。未经安全生产教育和培训合格的从业人员，不得上岗作业。”《建筑法》规定：“建筑施工企业应当建立健全劳动安全生产教育制度，加强对职工安全生产的教育，未经安全生产教育培训的人员，不得上岗作业。”《建设工程安全生产管理条例》规定：“施工单位应当建立健全安全生产责任制度和安全生产教育培训制度……”接受安全教育、组织安全培训是建筑业职工和施工企业的法定义务。

安全生产教育培训是实现安全生产的一项重要的基础性工作。只有通过对广大建筑职工进行安全生产教育培训，才能提高职工搞好安全生产的自觉性、积极性，使其增强安全意识、掌握安全知识，使安全技术规范、标准得到贯彻执行，安全规章制度得到有效落实。

（二）安全生产教育培训制度

施工单位应当建立健全安全生产教育培训制度。安全生产教育培训制度的主要内容包括：意义和目的、种类和对象、内容和要求，培训大纲、教材、学时、形式和方法，师资、教学设备、教具、实践教学，登记、考核、教育培训档案等。

（三）安全生产教育培训的种类

（1）企业管理人员（企业负责人、项目负责人、专职安全生产管理人员）等的安全生产教育培训。

（2）新工人的“三级”安全生产教育培训。

（3）特种作业人员的安全生产教育培训。

（4）管理人员和作业人员的年度安全生产教育培训。

（5）作业人员转场、转岗的安全生产教育培训。

（6）使用新技术、新工艺、新设备、新材料的安全生产教育培训。

（7）季节性安全生产教育。

（8）节假日安全生产教育。

（9）其他形式的安全生产培训和教育。

（四）企业管理人员的安全生产教育培训

1.企业管理人员安全生产考核的对象

建筑施工企业管理人员安全生产考核的主要对象，是建筑施工企业（含独立法人子公司）的主要负责人、项目负责人和专职安全生产管理人员。

建筑施工企业主要负责人，是指对本企业日常生产经营活动和安全生产工作全面负责、有生产经营决策权的人员，包括企业法定代表人、企业最高行政负责人和企业分管安全生产工作行政负责人等。

建筑施工企业项目负责人，是指受企业法定代表人授权，负责建设工程项目管理的项目行政负责人。

建筑施工企业专职安全生产管理人员，是指在企业专职从事安全生产管理工作的人员，包括企业安全生产管理机构的负责人及其工作人员和施工现场专职安全员。

2.企业管理人员安全生产考核管理的相关规定

（1）考核管理机关。国务院建设行政主管部门负责全国建筑施工企业管理人员安全生产的考核工作，并负责中央管理的建筑企业管理人员安全生产考核和发证工作。

省、自治区、直辖市人民政府建设行政主管部门负责本行政区域内中央管理以外的建筑施工企业管理人员安全生产考核和发证工作。

（2）申请条件。建筑施工企业管理人员应当具备相应的文化程度、专业技术职称和一定的安全生产工作经历，并经企业年度安全生产教育培训合格后，方可参加建设行政主管部门组织的安全生产考核。

（3）考核内容。建筑施工企业管理人员安全生产考核内容包括安全生产知识考试和管理能力考核。

（4）有效期。安全生产考核合格证书有效期为3年。有效期满需要延期的，应当于期满前3个月内向原发证机关申请办理延期手续。

（5）监督管理。建设行政主管部门对建筑施工企业管理人员履行安全生产管理职责情况的监督检查，发现有违反安全生产法律法规、未履行安全生产管理职责、不按规定接受年度安全生产教育培训、发生死亡事故，情节严重的，收回安全生产考核合格证书，并限期改正，重新考核。

3.企业管理人员安全知识考试的主要内容

企业管理人员安全生产知识考试的主要内容包括安全生产法律法规知识、安全生产管理知识和安全生产技术知识等3个方面，主要包括以下内容：

建筑施工企业管理人员安全生产考核内容包括安全生产知识考试和安全生产管理能力考核。安全生产管理能力考核的主要内容包括考查安全生产实际工作能力和安全生产业绩等。考核大纲与考核标准由省建筑工程管理部门另行制定。建筑施工企业管理人员安全生产知识考试，采取全省统一试卷、闭卷考试的方式进行。

4.水利水电工程施工企业主要负责人安全生产管理能力考核的主要内容

（1）贯彻、执行国家有关安全生产的方针政策、法律法规、部门规章、技术标准和规范性文件情况。

（2）组织和督促本单位安全生产工作，建立健全本单位安全生产责任制情况。

（3）组织制定本单位安全生产规章制度和操作规程情况。

（4）本单位安全生产条件所需资金的投入情况。

（5）开展安全生产检查，及时消除事故隐患情况。

（6）组织制定水利水电工程安全度汛措施情况。

（7）组织制定本单位生产安全事故应急救援预案，正确组织、指挥本单位事故救援情况。

（8）发生安全事故后，及时、如实报告水利水电工程生产安全事故情况。

5.水利水电工程施工企业项目负责人安全生产管理能力考核主要内容

（1）贯彻执行国家有关安全生产的方针政策、法律法规、部门规章、技术标准和规范性文件情况。

（2）组织和督促水利水电工程项目安全生产工作，并落实安全生产责任制情况。

（3）安全生产费用的有效使用情况。

（4）根据工程的特点组织制定水利水电工程安全施工措施情况。

（5）开展安全检查，及时消除水利水电工程生产安全事故隐患情况。

（6）发生安全事故后，及时、如实报告水利水电工程生产安全事故情况。

（7）组织制定并有效实施水利水电工程安全度汛措施情况。

6.水利水电工程施工企业专职安全生产管理人员安全生产管理能力考核的主要内容

（1）贯彻执行国家有关安全生产的方针政策、法律法规、部门规章、技术标准和规范性文件情况。

（2）对安全生产进行现场监督检查情况。

（3）发现生产安全事故隐患后，向项目负责人和安全生产管理机构报告情况。

（4）制止现场违章指挥、违章操作行为情况。

（5）对水利水电工程安全度汛措施落实情况进行现场监督检查情况。

第五章　水利工程项目信息管理应用

第一节　信息管理基本概念

随着科学技术的发展，信息化已成为一种世界性的大趋势。信息技术的高速发展和相互融合，正在改变着我们周围的一切。当今世界，信息化水平已成为衡量一个国家综合实力、国际竞争力和现代化程度的重要标志，信息化已成为推动社会生产力发展和人类文明进步的强大动力。工程管理信息系统，就是充分利用“3S”（GIS、GPS、RS）技术，开发和利用水利信息资源，包括对水利信息进行采集、传输、存储、处理和利用，提高水利信息资源的应用水平和共享程度，从而全面提高工程管理的效能效益和规范化程度的信息系统。

水利水电工程“个性”较强，不同工程之间的条件千差万别，工期较长，季节性强，技术复杂、设计变更一般较多，需要协调的关系多，规模和投资一般都比较大，且涉及征地、移民、环境保护、水土保持等诸多环节。因此，水利水电工程管理难度大，问题多。如何通过推行科学化、现代化的管理，提高管理水平，控制投资和质量，缩短工期，达到既定的质量和安全目标，成为水电开发投资企业和有关方面关注的重要问题。项目法人（工程单位）作为整个工程的责任主体，已越来越认识到信息化工程的重要性，许多水利水电工程在准备阶段，就开始着手构建工程管理信息系统。信息技术已在工程工程活动中展露其无限的生机，工程的工程管理模式也随之发生了重大变化，很多传统的方式已被信息技术所代替。工程管理信息系统除了常用的文档管理等办公自动化功能外，一般应集成项目管理模块。

我国从工业发达国家引进项目管理的概念、理论、组织、方法和手段，历时 20 余年，在工程实践中取得了不少成绩。各级管理单位高度重视水利信息化工作，把水利信息化作为实现水利现代化的基础和重要标志，尤其在洪水预警报系统、防汛指挥决策支持系统、水土保持监测系统和水文传统产业信息化改造等方面取得了重大进展。但是，至今多数施工方的信息管理水平还相当落后，表现在尚未正确理解信息管理的内涵和意义，以及现行的信息管理的组织、方法和手段基本还停留在传统的方式和模式上。应指出，当前我国在工程项目管理中最薄弱的工作领域是信息管理。

应用信息技术提高建筑业生产率，以及应用信息技术提升建筑行业管理和项目管理水平和能力，是21世纪建筑业发展的重要课题。作为重要的物质生产部门，中国建筑业的信息化程度一直低于其他行业，也远低于发达国家的先进水平。因此，我国工程管理信息化任重而道远。

一、项目中的信息流

在项目的实施过程中产生以下几种主要流动过程。

（一）工作流

由项目的结构分解到项目的所有工作，任务书（委托书或合同书）确定了这些工作的实施者，再通过项目计划具体安排它们的实施方法、实施顺序、实施时间及实施过程。这些工作在一定时间和空间上实施，便形成项目的工作流。工作流即构成项目的实施过程和管理过程，主体是劳动力和管理者。

（二）物流

工作的实施需要各种材料、设备、能源，一般由外界输入，经过处理转换成工程实体，最终得到项目产品。由工作流引起的物流，表现出项目的物资生产过程。

（三）资金流

资金流是工程实施过程中价值的运动。例如从资金变为库存的材料和设备，支付工资和工程款，再转变为已完工程，投入运营后作为固定资产，通过项目的运营取得收益。

（四）信息流

工程的实施过程需要不断产生大量信息，这些信息伴随着上述几种流动过程按一定的规律产生、转换、变化和被使用，并被传送到相关部门（单位），形成项目实施过程中的信息流。项目管理者设置目标，做决策，做各种计划，组织资源供应，领导、指导、激励、协调各项参加者的工作，控制项目的实施过程都是靠信息来实施的。即依靠信息了解项目实施情况，发布各种指令，计划并协调各方面的工作。

这 4 种流动过程之间相互联系、相互依赖又相互影响，共同构成了项目实施和管理的总过程。

在这 4 种流动过程中，信息流对项目管理有特别重要的意义。信息流将项目的工作流、物流、资金流，以及各个管理职能、项目组织、项目与环境结合在一起。它不仅反映而且控制并指挥着工作流、物流和资金流。例如，在项目实施过程中，各种工程文件、报告、报表反映了工程项目的实施情况，反映了工程实际进度、费用、工期状况，以及各种指令、计划、协调方案，又控制和指挥着项目的实施。只有项目神经系统的信息流通畅，才会有顺利的项目实施过程。

项目中的信息流包括两个主要的信息交换过程。

1.项目与外界的信息交换

项目作为一个开放系统，与外界有大量的信息交换，包括：

（1）由外界输入的信息。例如环境信息、物价变动的信息、市场状况信息，以及外部系统（企业、政府机关）给项目的指令、对项目的干预等。

（2）项目向外界输出的信息，如项目状况的报告、请示、要求等。

2.项目内部的信息交换

即项目实施过程中项目组织者因进行沟通而产生的大量信息。项目内部的信息交换主要包括：

（1）正式的信息渠道。信息通常在组织机构内按组织程序流通，属于正式的沟通。一般有3种信息流。

①自上而下的信息流。通常决策、指令、通知、计划是由上向下传递，这个传递过程是逐渐细化、具体化，一直细化、具体到基层成为可以执行的操作指令。

②由下而上的信息流。通常各种实际工程的情况信息，由下逐渐向上传递，这个传递不是一般的叠合（装订），而是经过归纳整理形成的逐渐浓缩的报告。而项目管理者就是做这个浓缩工作的，以保证信息浓缩而不失真。通常信息太详细会造成处理量大、没有重点的问题，且容易遗漏重要说明；而太浓缩又会存在对信息的曲解或解释出错的问题。在实际工程中常会有这种情况，上级管理人员如业主、项目经理，一方面抱怨信息太多，桌子上一大堆报告没时间看；另一方面又不了解情况，决策时缺乏应有的可用信息。这就是信息浓缩存在的问题。

③横向或网络状信息流。按照项目管理工作流程设计的各个职能部门之间存在大量的信息交换，例如技术人员与成本员、成本员与计划师、财务部门与计划部门、合同部门等之间存在的信息流。在矩阵式组织中以及在现代高科技状态下，人们已越来越多地通过横向或网络状的沟通渠道获得信息。

（2）非正式的信息渠道，例如通过闲谈、小道消息、非组织渠道的方式了解情况等，属于非正式的沟通。

二、项目中的信息

（一）信息的种类

项目中的信息很多，一个稍大的项目结束后，作为信息载体的资料汗牛充栋，许多项目管理人员整天就是与纸张及电子文件打交道。项目中的信息大致有如下几种：

（1）项目基本状况的信息。它主要在项目的目标设计文件、项目手册、各种合同、设计文件、计划文件中。

（2）现场实际工程信息。例如实际工期、成本、质量信息等，它主要在各种报告，如日报，月报，重大事件报告，设备、劳动力、材料使用报告及质量报告中。这里还包括问题的分析、计划和实际对比以及趋势预测的信息。

（3）各种指令、决策方面的信息。

（4）其他信息。外部进入项目的环境信息，如市场情况、气候、外汇波动、政治动态等。

（二）信息的基本要求

信息必须符合管理的需要，要有助于项目系统和管理系统的运行，不能造成信息泛滥和污染。一般而言，它必须符合如下要求：

1.专业对口

不同的项目管理职能人员、不同专业的项目参加者，在不同的时间，对不同的事件，就有不同的信息要求。因此，信息首先要专业对口，按专业的需要提供和流动。

2.反映实际情况

信息必须符合实际应用的需要，符合目标，而且简单有效。这是正确有效管理的前提，否则会产生一个无用的废纸堆。这里有两个方面的含义。

（1）各种工程文件、报表、报告要实事求是，反映客观事实。

（2）各种计划、指令、决策要以实际情况为基础。不反映实际情况的信息容易造成决策、计划、控制的失误，进而损害项目成果。

3.及时提供

只有及时提供信息，才能有及时的反馈，管理者才能及时地控制项目的实施过程。信息一旦过时，会使决策失去时机，造成不应有的损失。

4.简单，便于理解

信息要让使用者不费气力地了解情况，分析问题。信息的表达形式应符合人们日常接收信息的习惯，而且对于不同人应有不同的表达形式。例如，对于不懂专业和项目管理的业主，宜采用更直观明了的表达形式，如模型、表格、图形、文字描述等。

（三）信息的基本特征

项目管理过程中的信息量大，形式丰富多彩。它们通常有如下基本特征：

1.信息载体

信息载体包括：纸张，如各种图纸、说明书、合同、信件、表格等；磁盘、磁带以及其他电子文件；照片、微型胶卷、X线片；其他，如录像带、电视唱片、光盘等。

2.信息载体的选择

选用信息载体，受以下几方面因素的影响：

（1）随着科学技术的发展，不断提供新的信息载体，不同的载体有不同的介质技术和信息存储技术要求。

（2）项目信息系统运行成本的限制。不同的信息载体需要不同的投资，有不同的运行成本。在符合管理要求的前提下，尽可能降低信息系统运行成本，是信息系统设计的目标之一。

（3）信息系统运行速度的要求。例如，气象、地震预防、国防、宇航之类的工程项目要求信息系统运行速度加快，则必须采取相应的信息载体和处理、传输手段。

（4）特殊要求。例如，合同、备忘录、工程项目变更指令、会谈纪要等必须以书面形式，由双方或一方签署才有法律证明效力。

（5）信息处理、传递技术和费用的限制。

3.信息的使用

信息的使用有如下说明：

（1）有效期：暂时有效、整个项目期有效、无效信息。

（2）使用的目的：①决策，各种计划、批准文件、修改指令、运行执行指令等；②证明，表示质量、工期、成本实际情况的各种信息。

（3）信息的权限：对不同的项目参加者和项目管理职能人员规定不同的信息使

用和修改权限，混淆权限容易造成混乱。通常需具体规定，有某一方面（事业）的信息权限和综合（全部）信息权限以及查询权、使用权、修改权等。

（4）信息的存档方式：①文档组织形式分为集中管理和分散管理；②监督要求分为封闭和公开；③保存期分为长期保存和非长期保存。

三、项目信息管理的任务

项目管理者承担着项目信息管理的任务，是整个项目的信息中心，负责收集项目实施情况的信息，做各种信息处理工作，并向上级、向外界提供各种信息。其信息管理任务主要包括：

（1）编制项目手册。项目管理的任务之一是按照项目的任务、实施要求设计项目实施和项目管理中的信息流，确定它们的基本要求和特征，并保证在实施过程中信息畅通。

（2）项目报告及各种资料的规定，例如资料的格式、内容、数据结构要求。

（3）按照项目实施、项目组织、项目管理工作过程建立项目管理信息系统流程，在实际工作中保证这个系统正常运行，并控制信息流。

（4）文档管理工作。有效的项目管理需要更多地依靠信息系统的结构和维护。信息管理影响项目组织和整个项目管理系统的运行效率，是人们沟通的桥梁，项目管理者应对它有足够的重视。

四、现代信息科学带来的问题

现代信息技术正突飞猛进地发展，给项目管理带来许多问题，特别是计算机联网、电子信箱、Internet 网的使用，造成了信息高度网络化的流通。例如，企业财务人员可以直接通过计算机查阅项目的成本和支出，查阅项目采购订货单；子项目负责人可以直接查阅库存材料状况；子项目或工作包负责人也许还可以查阅业主已经做出的但尚未推行（详细安排）的信息。

现代信息技术对现代项目管理有很大的促进作用，但同时又会带来很大的冲击。对其影响人们必须做全面的研究，以使管理者的管理理念、管理方法、管理手段更能适应现代工程的特殊性。

（1）信息技术加快了项目管理系统中的信息反馈速度和系统的反应速度，人们能够及时查询工程的进展信息，进而及时地发现问题，及时做出决策。

（2）项目的透明度增加，使人们能够了解企业和项目的全貌。

（3）总目标容易贯彻，项目经理和上层领导容易发现问题。基层管理人员和执行人员也更快、更容易了解和领会上级的意图，使得各方面协调更为容易。

（4）信息的可靠性增加。人们可以直接查询和使用其他部门的信息，这样不仅可以减少信息的加工和处理工作，而且在传输过程中信息不失真。

（5）比较传统的信息处理和传输方法，现代信息技术有更大的信息容量。人们使用信息的宽度和广度大大增加。例如，项目管理职能人员可以从互联网上直接查询最新的工程招标信息、原始材料市场，而过去是不可能的。

（6）使项目风险管理的能力和水平大为提高，由于现代化市场经济的特点，工程项目的风险越来越大。现代信息技术使人们能够对风险进行有效迅速地预测、分析、防范和控制。鉴于风险管理需要大量的信息，而且要迅速获得这些信息，复杂的信息处理过程变得很重要。现代信息技术给风险管理提供了很好的方法、手段和工具。

（7）现代信息技术使人们更科学、更方便地进行如下类型的项目管理：

大型的、特大型的、特别复杂的项目；多项目的管理，即一个企业同时管理许多项目；远程项目，如国际投资项目、国际工程等。

这些都显示出现代信息技术的生命力，它推动了整个项目管理的发展，提高了项目管理的效率，降低了项目管理成本。

（8）现代信息技术虽然加快了工程项目中信息的传输速度，但并未能解决心理和行为问题，甚至有时还可能起到相反的作用。

①按照传统的组织原则，许多网络状的信息流通不能算作正式的沟通，只能算非正式的沟通。而这种沟通对项目管理有着非常大的影响，会削弱正式信息沟通方式的效用。

②在一些特殊情况下，这种信息沟通容易使各个部门各行其是，造成总体协调的困难和行为的离散。

③容易造成信息污染：a.由于现代通信技术的发展，人们可以获得的信息量大大增加，也大为方便，使人们在建立管理系统时容易忽视或不重视传统的信息加工和传输手段，例如由下向上的浓缩和概括工作似乎不必要了，上级领导可以直接查看资料，实质上造成了上级领导被无用琐碎的信息包围的状态，从而导致并没有获得决策所需要的信息；b.如果项目中发现问题、危机或风险，随着信息的传递会蔓延开来，造成恐慌，各个方面可能各自采取措施，从而造成行为的离散，而项目管理者原本可以采取措施解决；c.人们通过非正式的沟通获得信息，会干扰对上层指令、方针、政策、意图的惯常理解，结果造成执行上的不协调；d.由于过多借助于现代通信技术，人们忽视面对面的沟通而依赖计算机在办公室获取信息，减少获得软信息的可能性。

④容易造成信息在传递过程中的失真、变形等。

第二节　信息报告的方式和途径

一、工程项目报告的种类

工程报告的形式和内容丰富多彩，它是工程项目相关人员沟通的主要工具。报告的种类很多，例如，按时间划分为日报、周报、月报、年报；针对项目结构的报告，如工作包、单位工程、单项工程、整个项目报告；专门内容的报告，如质量报告、成本报告、工期报告；特殊情况的报告，如风险分析报告、总结报告、特别事件报告、状态报告、比较报告等。

二、报告的作用

（1）作为决策的依据。通过报告可以使人们对项目计划和实施状况、目标完成程度十分清楚，便于预见未来，使决策简单化且准确。报告首先是为决策服务的，特别是上层的决策，但报告的内容仅反映过去的情况，滞后很多。

（2）用来评价项目，评价过去的工作以及阶段成果。

（3）总结经验，分析项目中的问题，特别在每个项目结束时都应有一个内容详细的分析报告。

（4）通过报告激励每个参加者，让大家了解项目成就。

（5）提出问题，解决问题。安排后期的计划。

（6）预测将来情况，提供预警信息。

（7）作为证据和工程资料。报告便于保存，因而能提供工程的永久记录。

不同的参加者需要不同的信息内容、频率、描述和浓缩程度。必须确定报告的形式、结构、内容，为项目的后期工作服务。

三、报告的要求

为了达到项目组织之间沟通顺利，起到报告的作用，报告必须符合如下要求：

（1）与目标一致。报告的内容和描述必须与项目目标一致，主要说明目标的完成程度和围绕目标存在的问题。

（2）符合特定的要求。包括各个层次的管理人员对项目信息需要了解的程度，以及各个职能人员对专业技术工作和管理工作的需要。

（3）规范化、系统化。即在管理信息系统中应完整地定义报告系统结构和内容，对报告的格式、数据结构实行标准化。在项目中要求各参加者采用统一形式的报告。

（4）处理简单化，内容清楚，各种人都能理解，避免造成理解和传输过程中的错误。

（5）报告的侧重点要求。报告通常包括概况说明和重大差异说明、主要活动和事件的说明，而不是面面俱到。它的内容较多的是考虑到实际效用，如何行动、方便理解，而较少地考虑到信息的完整性。

四、报告系统

项目初期，在建立项目管理系统中必须包括项目的报告系统。这要解决两个问题：

（1）罗列项目过程中应有的各种报告并系统化。

（2）确定各种报告的形式、结构、内容、数据、采集处理方式并标准化。

在设计报告之前，应给各层次的人列表提问：需要什么信息，应从何来，怎样传递，怎样标出它的内容。

在编制工程计划时，应当考虑需要各种报告及其性质、范围和频次，可以在合同或项目手册中确定。

原始资料应一次性收集，以保证相同的信息和相同的来源。资料在纳入报告前应进行可信度检查，并将计划值引入以便对比。

原则上，报告从最底层开始，资料最基础的来源是工程活动，包括工程活动的完成进度、工期、质量、人力、材料消耗、费用等情况的记录，以及实验验收记录。上层的报告应由上述职能部门总结归纳，按照项目结构和组织结构层层归纳、浓缩，做出分析和比较，形成金字塔式的报告系统。

第三节　信息管理组织程序

一、信息管理机构

现代工程项目管理为了对信息有效地管理控制，应该有专门的信息管理机构负责信息资源的开发和利用，提供给各个部门用于信息咨询，从而高效地完成信息管理，为整个项目管理服务。

（一）信息职能部门

信息管理贯穿于整个工程项目管理，是全方位的管理，因此信息管理的职能部门可以划分如下：

1.信息使用部门

这是使用信息的部门或管理人员，对信息的内容、范围、时限有具体的要求。这些部门将所咨询的信息用于工程管理的分析研究，为决策提供依据。

2.信息供应部门

由于工程项目中信息源很多，分布于项目内部和外部环境中，而对于信息使用的管理人员来说，从内部获取信息较为容易，从外部获取较为困难。信息供应部门就是专门用于信息获取，特别是对于一般项目参与人员不易获得的外部信息。

3.信息处理部门

主要是使用各种技术和方法对收集的信息进行处理的部门。按照信息使用部门的要求，对信息进行分析，为信息使用者决策提供依据。

4.信息咨询部门

主要是为使用部门提供咨询意见，帮助他们向信息供应部门、信息处理部门提出要求，帮助管理者研究信息和使用信息。

5.信息管理部门

在信息管理职能中处于核心地位、负责协调的各部门，要合理有效地开发和利用信息资源。

虽然这种划分很明晰，但在实际工程项目信息管理中，这种明晰的职能划分是少有的，甚至是不实际的。比如对业主而言，为了目标控制的实现，对于信息管理，他必定会完成上述5种职能。但这些职能在实际操作中之所以没有很明显的划分是因为：其一，过分的明晰划分，虽然组织结构明确，但会使管理成本增加。例如为了获取材料或某项工种的信息而奔波于各个职能部门，会使简单的管理工作复杂化，降低效率，增加成本。其二，实际工程管理中，由于其管理的需要，一个信息职能部门所具有的职能，往往是上述一种或多种甚至是全部职能。因此，工程项目信息职能部门划分的目的，主要是符合项目实际需要，便于管理。

（二）信息管理组织体系

信息管理是一项复杂的系统管理工作。建立项目信息管理部门，要明确与其他部门的关系，从而发挥其作用。这在大型工程项目中尤为重要，如三峡工程、上海悬浮磁工程等，都有专门的信息管理部门，而且处于非常重要的地位。

信息管理部门在工程项目信息管理中处于领导地位，对整个信息管理起着宏观控制的作用。但由于工程规模和管理经验的影响，在中小型项目中没有独立的信息管理部门，甚至根本就不存在，其信息管理工作往往分散在各部门，这就可能导致信息管理工作不畅。例如某一承包商需要工程变更的资料，他会去找业主的工程部，如果工程部资料不够完整，他会去找设计部门。最后的结果很可能是他找业主代表或负责人，而后者再找相关部门解决，因此导致工作延缓。而业主负责人往往陷入琐碎的工作中，其履行本职工作受到限制。因此，对于中小型项目而言，无论采取何种形式，独立或者挂靠，都应该有负责信息管理的部门或小组。对于挂靠形式，一般采取挂靠在对项目有着宏观管理的部门为佳，比如项目经理部。这样可以和项目经理部一起，对工程项目管理全过程进行信息管理，可以实时对项目进行控制，并且在最短时间内给决策部门提供信息咨询，有利于决策顺利做出。

对于独立的信息管理部门，与其他部门的关系，一般有两种模式。一种是把信息部门与其他部门并列置于工程项目最高管理层领导之下，可称之为水平式；另外一种是把信息部门置于整个管理层的顶层，可称之为垂直式。前一种是现在普遍采用的模式，后一种是比较理想的模式，因为可以最大限度地发挥信息管理部门的职能作用。

随着工程项目管理水平的提高，信息管理部门应该从所挂靠的部门中独立出来，与工程部、财务部、策划部等一级部门并列。信息管理部门不仅仅是技术服务部门，还应该具有开发和管理职能，和高层管理部门一起，对整个项目进行控制。既从施工、财务、材料等职能部门获取原始数据并进行分析，又将信息处理意见反馈给相关部门，使管理工作随着信息的流动顺利地进行。例如武汉光谷创业街项目，就有着独立的信息管理部，主要从事针对于本项目的 PmIS 开发，网上信息发布，内部信息交流，自始至终参与对项目进行全程管理，这样做不仅利于内部各管理人员和部门获取项目有关信息，从而合理安排各自工作，实现对项目目标的控制，更有利于外部对本项目的了解，从而为项目树立良好的形象，起到扩大宣传的作用。

二、信息主管

在信息管理部门中，信息主管（CIO）全面负责信息工作管理。信息主管不仅仅懂得信息管理技术，还对工程项目管理有着深入了解，是居于行政管理职位的复合型人物。信息主管往往从战略高度统筹项目的信息管理。作为整个项目信息管理最高负责人，应该根据项目控制目标需要，及时将信息进行分析，传递到各相关部门，促进对管理工作的调整。作为信息主管，他应该具有下列特征：

（1）具有很高的管理能力，能从项目管理角度宏观考虑信息管理。

（2）熟悉工程项目管理，特别对本工程有着深入了解，有着实际工程管理的经验，能够协调各部门的信息工作。

（3）熟悉信息管理过程，对信息管理方法技巧运用自如，能够统筹管理。

信息组织机构的设立，标志着工程项目管理过渡到科学的信息管理阶段，充分运用信息管理的优势，结合合同管理等手段，使工程项目目标得到有效控制。

（4）工程项目信息管理过程。信息管理的实质在于管理过程。信息管理过程没有统一固定的模式。本文通过对信息管理全过程，特别是其中的信息需求和信息收集进行讨论，以建立一个基本的信息管理方法。

第四节　信息管理的流程

一、信息需求

要对工程项目中信息需求进行分析，就需要对工程项目深入分析。其中，主要是项目管理的特征和工程项目信息流。

（一）工程项目管理特征

一般，在工程项目管理中所处理的问题可以按照信息需求特征分为 3 类：

1.结构化问题

结构化问题是指在工程项目管理活动过程中，经常重复发生的问题。对这类问题，通常有固定的处理方法。例如例会的召开，有其固定的模式，且经常重复发生。面对结构化问题做出的决策，称之为程序化决策。

2.半结构化问题

半结构化问题较之结构化问题，半结构化问题并无固定的解决方法可遵循。虽然决策者通常了解解决半结构化问题的大致程序，但在解决的过程中或多或少与个人的经验有关，对应的半结构化问题的决策活动为半程序化决策。实际上，工程项目管理中，大部分问题都属于半结构化问题。由于项目的复杂性和单件性，决定了对任何一个项目管理都只有大致适合的方法，而无绝对的通法。因此，对同一问题，决策者不同，采取的方法也会有所不同。

3.非结构化问题

非结构化问题是指独一无二非重复性决策的问题。这类问题，往往给决策者带来很大难度。这类问题最典型的例子就是项目立项。对解决这类结构化问题，要更多地依靠决策者的直觉，称之为非程序化决策。

由于决策者在项目管理中的地位不同，面对的问题也不同，因而表现出不同的信息需求特征。程序化决策大多由基层管理人员完成。对于非程序化的决策，高层管理人员较少涉及这类决策活动。半程序化决策大多由中层或高层管理人员完成。对于非程序化的决策，主要由高层管理人员完成。

由于信息是为管理决策服务的，从工程项目管理角度来看，作为项目管理的高层领导关心的是项目的可行性、带来的收益、投资回收期等，处于项目管理的战略位置，所需要的信息是大量的综合信息，即战略信息。作为项目的执行管理部门决策者要考虑如何在项目整体规划指导下，采用行之有效的措施手段，对项目三大目标进行控制。对其所需要的信息成为战术级信息。而各现场管理部门的决策者所关心的是如何加快工程进度、保证工程质量，其决策的依据大多是日常工作信息即作业级信息。

工程项目各部门的主要信息需求，由于每一个管理者的职责各不相同，他们的信息需求也有差异。部门信息需求与个人信息需求有很大区别：部门信息需求相对比较集中和单调；个人信息需求相对突出个性化和多样性。在具体的信息管理过程中，更强调信息使用人员对信息需求的共性而不是个性，换言之，工程项目信息需求分析应该以部门信息需求分析为主而以个人信息需求分析为辅。

（二）工程项目信息流程

工程项目信息流程反映了各参加部门、各单位、各施工阶段之间的关系。为了工程的顺利完成，使工程项目信息在上下级之间、内部组织之间与外部环境之间流动。工程项目信息管理中信息流主要包括：

1.自上而下的信息流

自上而下的信息流就是指主管单位、主管部门、业主、项目负责人、检察员、班组工人之间由上级向其下级逐级流动的信息，即信息源在上，信息宿是其下级。这些信息主要是指工程目标、工程条例、命令、办法及规定、业务指导意见等。

2.自下而上的信息流

自下而上的信息流，是指下级向上级流动的信息。信息源在下，信息宿在上。主要指项目实施中有关目标的完成量、进度、成本、质量、安全、消耗、效率等情况，此外，还包括上级部门关注的意见和建议等。

3.横向间的信息流

横向间流动的信息指工程项目管理中，同一层次的工作部门或工作人员之间相互提供和接收的信息。这种信息一般是由于分工不同而各自产生的，但为了共同的目标又需要相互协作互通或相互补充，以及在特殊紧急情况下，为了节省信息流动时间而需要横向提供的信息。

4.以信息管理部门为集散中心的信息流

信息管理部门为项目决策做准备，因此，既需要大量信息，又可以作为有关信息的提供者。它是汇总信息、分析信息、分散信息的部门，帮助工作部门进行规划、任务检查、对有关专业技术问题进行咨询。因此，各项工作部门不仅要向上级汇报，而且应当将信息传递给信息管理部门，以有利于信息管理部门为决策做好充分准备。

5.工程项目内部与外部环境之间的信息流

工程项目的业主、承建商、设计单位、工程银行、质量监督主管部门、有关国家管理部门和业务部门，都不同程度地需要信息交流，既要满足自身的要求，又要满足环境的协作要求，或按国家规定的要求相互提供信息。

上述几种信息流都应有明晰的流程，并都要畅通。实际工作中，自上而下的信息比较畅通，自下而上的信息流一般情况下渠道不畅或者流量不够。因此，工程项目主管应当采取措施防止信息流通的障碍，发挥信息流应有的作用，特别是对横向间的信息流动以及自上而下的信息流动，应给予足够的重视，增加流量，以利于合理决策，提高工作效率和经济效益。

对于大多数工程项目来讲，从信息源和信息宿的角度描述其信息流程是比较合适的。

二、信息收集

信息收集是一项烦琐的过程，由于它是后期信息加工、使用的基础，因此应该值得特别注意。

（一）信息收集的重要性

信息是工程项目信息管理的基础。信息收集是为了更好地使用信息而对工程管理过程中所涉及的信息进行吸收和集中。信息收集这一环节工作的好坏，将对整个项目信息管理工作的成败产生决定性的影响。具体而言：

1.信息收集是信息使用的前提

工程项目管理中，每天都产生数不胜数的信息，但属于没有经过加工、处理的信息（原始信息），杂乱无章，无法为项目管理人员所用。只有将收集到的信息进行加工整理，变为二次信息才能为人所用。

2.信息收集是信息加工的基础

信息收集的数量和质量，直接影响到后续工作。一些项目信息管理工作没有做好，往往是因为信息收集工作没有做好。

3.信息收集占整个信息管理的比重较大

其工作量大、费用较高。据统计，在很多情况下，花费在信息收集上的费用占整个信息管理费用的 50%。主要原因是虽然有着先进的辅助技术，信息收集仍然以人工处理为主。

（二）信息收集的原则

信息收集的最终目的是项目管理者能够从信息管理中对项目目标进行有效控制。根据信息的特点，信息收集需要遵循以下原则。

1.信息收集要及时

这是由信息的时效性所决定的。在工程管理事件发生后及时收集有关信息，这样可以及时做出总结并为下一步决策做保证。例如对于索赔而言，根据有关合同文件，有着严格的时间限制。在索赔事件发生后，应立即将信息收集，可以避免最后的综合索赔。

2.信息收集要准确

这是信息被用来作为决策依据的基本条件。错误的信息或者不尽正确的信息往往给项目管理人员以误导。这就要求信息管理人员对项目有着深入的了解，有着科学的收集方法。

3.信息收集要全面

工程项目中，其复杂性决定了任何决策都是和其他方面相联系的，因此，其信息也是相互关联的。在信息收集中，不能只看见眼前，应该注重和其他方面的联系，注意其连续性和整体性。

4.信息收集要合理规划

信息管理是贯穿整个工程项目过程的，信息收集也是长期的。信息收集不能头重脚轻，前期大量投入，后期将信息收集置于一旁。例如项目的后评价是对信息收集最多的阶段，对项目中所有发生过的信息都需要重新整理。

（三）信息收集的方法

信息收集方法很多，主要有实地观察法、统计资料法、利用计算机及网络收集等。对于项目前期策划多用统计资料法，将与项目有关的数据进行统计分析，计算各个参数，为项目可行性研究奠定基础。在工程施工过程中，事件常以实物表现出来，因此常采用实地观察法，对工程过程中产生的各种事件进行量化，然后加工。随着计算机应用的普及，网络对于信息收集有着重要的作用。例如现在很多工程招投标信息都在网上发布，利用网络信息收集，有着迅速、便于反馈等优点。在项目中，施工阶段的信息是比较烦琐的，工程项目信息管理工作也主要集中于此。收集内容如下：

1.收集业主提供的信息，业主下达的指令，文件等

当业主负责某些材料的供应时，需收集材料的品种、数量、质量、价格、提货地点、提货方式等信息。同时应收集业主有关项目进度、质量、投资、合同等方面的意见和看法。

2.收集承建商的信息

承建商在项目中向上级部门、设计单位、业主及其他方面发出某些文件及主要内容，如施工组织设计、各种计划、单项工程施工措施、月支付申请表、各种项目自检报告、质量问题报告等。

3.工程项目的施工现场记录

此记录是驻地工程师的记录，主要包括工程施工历史记录、工程质量记录、工程计量、工程款记录和竣工记录等。

现场管理人员的报表：当天的施工内容，当天参加施工的人员（工程数量等），当天施工用的机械（名称、数量等），当天发生的施工质量问题，当天施工进度与计划进度的比较（若发生工程拖延，应说明原因），当天的综合评论，其他说明（应注意事项）等。

工地日记现场管理人员日报表：现场每天天气，管理工作改变，其他有关情况。

驻施工现场管理负责人的日记：记录当天所做重大决定，对施工单位所做的主要指示，发生的纠纷及可能的解决方法，工程项目负责人（或其他代表）来施工现场谈及的问题，对现场工程师的指示，与其他项目有关人员达成的协议及指示。

驻施工现场管理负责人的周报、月报：每周向工程项目管理人负责人（总工程

师）汇报一周内发生的重大事件，每月向总负责人及业主汇报工地施工进度状况，工程款支付情况，工程进度及拖延原因，工程质量情况，工程进展中主要问题，重大索赔事件、材料供应、组织协调方面的问题等。

4.收集工地会议记录

工地会议是工程项目管理的一种重要方法，会议中包含大量的信息。会议制度包括会议的名称、主持人、参加人、举行时间和地点等。每次会议都应有专人记录，有会议纪要。

第一次工地会议纪要：介绍业主、工程师、承建商人员，澄清制度，检查承建商的动员情况（履约保证金、进度计划、保险、组织、人员、工料等），检查业主对合同的履行情况（资金、投保、图纸等），管理工程师动员阶段的工作情况（提交水准点、图纸、职责分工等），下达有关表样，明确上报时间。

经常性工地会议纪要：当月进度总结、进度预测，技术事宜，变更事宜，管理事宜，索赔和延期，下次工地会议等。

三、信息加工

信息加工是将收集的信息由一次信息转变为二次信息的过程，这也是项目管理者对信息管理所直接接触的地方。信息加工往往由信息管理人员和项目管理人员共同完成。信息管理人员按照项目管理人员的要求和本工程的特点，对收集的信息进行分析、归纳、分类、比较、选择，建立信息之间的联系，将工程信息和工程实质对应起来，给项目管理人员以最直接的依据。

信息加工有人工加工和计算机加工两种方式。人工加工是传统的方式，对项目中产生的数据人工进行整理分析，然后传递给主管人员或部门进行决策，传统信息管理中的资料核对就是人工信息加工。手工加工不仅烦琐，而且容易出错。特别是对于较为复杂的工程管理，往往失误频频。随着计算机在工程中的应用，计算机对信息的处理成为信息加工的主要的手段。计算机加工准确、迅速，特别善于处理复杂的信息。在大型工程管理中发挥着巨大的效用。在PmIS系统中，信息管理人员将项目事件输入系统中，就可以得到相关的处理方案，减轻管理人员的负担。特别是大型工程中的信息数据异常繁多，靠人工加工几乎不可能完成，各种电化方法成为解决问题的主要手段。在小型工程管理中，往往还是以人工加工为主，这与项目规模有关。

四、信息储存与检索

信息储存与检索是互为一体的。信息储存是检索的基础。项目管理中信息储存主要包括物理储存、逻辑组织两个方面。物理储存是指考虑的内容有储存的内容、储存的介质、储存的时限等，逻辑组织储存的信息间的结构。

对于工程项目而言，储存的内容是与项目有关的信息，包括各种图纸、文档、纪要、图片、文件等。储存的介质主要有文本、磁盘、服务器等；储存的时限是指信息保留的时间。对于不同阶段的信息，储存时限是不同的。主要是以项目后评价为依据，按照对工程影响的大小排序。对于一般大型工程而言，信息的储存过程，也是建立信息库的过程。信息库是工程的实物与信息之间的映射，是关系模型（E-R图）的反映。根据工程特点，建立一个信息库，将相关信息分类储存。各管理人员就可以直接从信息库随时检索到需要的信息，从而为决策服务。这样有利于信息畅通，利于信息共享。

信息检索是与信息储存相关的。有什么样的信息储存，就有什么样的信息检索。对于文本储存方式，信息的检索主要是靠人工完成。信息检索的使用者主要是项目管理人员，而信息储存主要是由信息管理人员完成。两者之间对信息的处理带有主观性，往往不协调，这就使管理者对信息检索有着不利影响。而对于磁盘、服务器等基于计算机的储存方式，其信息检索储存有着固定的规则，因此对于管理者信息检索较为有利。

五、信息传递与反馈

信息传递是指信息在工程与管理人员或管理人员之间的发送、接收。信息传递是信息管理的中间环节，即信息的流通环节。信息只有从信息源传递到使用者那里，才能起到应有的作用。信息能否及时传递，取决于信息的传输渠道。只有建立了合理的信息传输渠道，才能保证信息流畅流通，发挥信息在项目管理中的作用。信息不畅往往是工程项目信息管理中最大障碍。各方由于信息交流不畅而导致工程未达到预期目标，主要原因：

（1）信息的准确性：它可以通过冲突信息出现的频率、缺少协调和其他有关的因为缺少交流而表现出来的现象来衡量信息的准确性。

（2）项目本身的制度：表现为项目正式的工作程序、方法和工作范围。这是在所有关键因素种类中最难以改进的一类，是项目管理者的能力所不能解决的。

（3）一些人际因素和信息可获取性之类的信息交流障碍。

（4）项目参与者对所接收信息的理解能力。

（5）设计和计划变更信息发布和接收的及时性。

（6）有关信息的完整性。

因此，信息传递要遵循下列原则：

（1）快速原则。力求在最短时间内，将项目事件的信息传递到相关人员和部门。

（2）高质量原则。指对于一次信息传递，尽量传递较多的信息。这样防止信息的多次传递，以免过得的传递而使其紊乱。并且，所传递的信息要能完整地反映所描述的工程实物内容。

（3）适用原则。保证信息的传递符合信息源和项目的信息使用者的使用习惯、专业特性。

信息反馈与信息交流的方向相反。对于项目管理人员而言，其接收的信息往往不能一次性达到其意愿，或对于信息有着特殊的要求，这就需要对信息进行反馈。

由信息接收者反馈给信息源，将所需要的工程信息进行重新组织，根据其特殊要求进行调整。信息反馈同样要符合上述几条原则。

六、信息的维护

信息的维护是保证项目信息处于准确、及时、安全和保密的合用状态，能为管理决策提供实用服务。信息的准确是要保持数据是最新、最完整的状态，数据是在合理的误差范围以内。信息的及时是要在工程过程中，实时对有关信息进行更新，保证管理者使用时，所用信息是最新的。安全保密是要防止信息受到破坏和信息失窃。

通过对工程项目信息管理的全过程分析，可以大体上形成对工程项目中的信息有效的管理方法。对于信息管理还有很多方法，例如逻辑顺序法、物理过程法、系统规划法等。这些都需要与工程项目的特点结合才能发挥作用。

第五节　信息管理的组织系统

一、概述

在项目管理中，信息、信息流通和信息处理各方面的总和称为项目管理信息系统。管理信息系统是将各种管理职能和管理组织沟通起来并协调一致的神经系统。建立管理系统并使之顺利地运行，是项目管理者的责任，也是完成项目管理任务的前提。项目管理者作为一个信息中心，他不仅与每个参加者有信息交流，而且他自己也有复杂的信息处理过程。不正常的信息管理系统常常会使项目管理者得不到有用的信息，同时又被大量无效信息所纠缠而损失大量的精力和时间，也容易使工作出现错误，损失时间和费用。

项目管理信息系统必须经过专门的策划和设计，在项目实施中控制它的运行。

二、项目管理信息系统的建立

信息系统是在项目组织模式、项目管理流程和项目实施流程的基础上建立的。它们之间相互联系又相互影响。项目管理信息系统的建立要确定如下几个基本问题：

（一）信息的需要

项目管理者为了决策、计划和控制需要哪些信息？以什么形式？何时以什么渠道供应？上层系统和周边组织在项目过程中需要什么信息？

这是调查确定信息系统的输出。不同层次的管理者对信息的内容、精度、综合性有不同的要求。

管理者的信息需求是按照他在组织系统中的职责、权利、任务、目标设计的，即他要完成工作、行使权力应需要哪些信息，当然他的职责还包括对其他方面提供信息。

（二）信息的收集和加工

1.信息的收集

在项目实施过程中，每天都要产生大量的数据，如记工单、领料单、任务单、图纸、报告、指令、信件等。必须确定，由谁负责这些原始数据的收集，这些资料、数据的内容、结构、准确程度怎样，由什么渠道获得这些原始数据、资料，并具体落实到责任人。由责任人进行原始资料的收集、整理，并对他们的正确性和及时性负责。通常由专业班组长、记工员、核算员、材料管理员、分包商、秘书等承担这个任务。

2.信息的加工

这些原始资料面广、量大，形式丰富多彩，必须经过信息加工才能得到符合管理需要的信息，符合不同层次项目管理的不同要求。信息加工的概念很广，包括：

（1）一般的信息处理方法，如排序、分类、合并、插入、删除等。

（2）数学处理方法，如数学计算、数值分析、数理统计等。

（3）逻辑判断方法，包括评价原始资料的置信度、来源的可靠性、数值的准确性、进行项目诊断和风险分析等。

（三）编制索引和存贮

为了查询、调用的方便，建立项目文档系统，将所有信息分解、编目。许多信息作为工程项目的历史资料和实施情况证明，它们必须被妥善保存。一般的工程资料要保存到项目结束，而有些则要长期保存。按照不同的使用和储存要求，数据和资料储存于一定的信息载体上，这样既安全可靠又使用方便。

（四）信息的使用和传递渠道

信息的传递（流通）是信息系统的最主要特征之一，即指信息流通到需要的地方，或由使用者享用的过程。信息传递的特点是仅仅传输信息的内容，而信息结构保持不变。在项目管理中，要设计好信息的传递路径，按不同的要求选择快速的、误差小的、成本低的传输方式。

三、项目管理信息系统总体描述

项目管理信息系统是在项目管理组织、项目工作流程和项目管理工作流程的基础上设计的信息流。所以，对项目管理组织、项目工作流程和项目管理工作流程的研究是建立管理信息系统的基础，而信息标准化、工作程序化、规范化是前提。项目管理信息系统可以从如下几个角度总体描述。

（一）项目参加者之间的信息流通

项目的信息流就是信息在项目参加者之间的流通，通常与项目的组织模式相似。在信息系统中，每个参加者都是信息系统网络上的一个节点，负责信息的收集（输入）、传递（输出）和信息处理工作。

项目管理者具体设计这些信息的内容、结构、传递时间、精确程序和其他要求。

例如，在项目实施过程中，业主需要如下信息：

（1）项目情况月报，包括工程质量、成本、进度报告。

（2）项目成本和支出报表，一般按分部工程和承包商制作报表。

（3）供审批用的各种设计方案、计划、施工方案、施工图纸、建筑模型等。

（4）决策前所需要的专门信息、建议等。

（5）各种法律、规定以及其他与项目实施有关的资料等。

业主做出：

（1）各种指令，如变更工程、修改设计、变更施工顺序、选择分包商等。

（2）审批各种计划、设计方案、施工方案等。

（3）向董事会提交工程项目实施情况报告。

项目经理通常需要：

（1）各项目管理职能人员的工作情况报表、汇报、报告、工程问题请示。

（2）业主的各种口头和书面的指令，各种批准文件。

（3）项目环境的各种信息。

（4）工程各承包商、监理人员的各种工程情况报告、汇报、工程问题请示。

项目经理通常做出：

（1）向业主提交各种工程报表、报告。

（2）向业主提出决策用的信息和建议。

（3）向社会其他方面提交工程文件。这些通常是法律必须提供的，或为审批用的。

（4）向项目管理职能人员和专业承包商下达各种指令，答复各种请示，落实项目计划等。

（二）项目管理职能之间的信息流通

项目管理系统是一个非常复杂的系统，它由许多子系统构成，可以建立各个项目管理信息子系统。例如成本管理信息系统、合同管理信息系统、质量管理信息系统、材料管理信息系统等。它们是为专门的职能工作服务的，用来解决专门信息的流通问题，共同构成项目管理系统。

（三）项目实施过程中的信息流通

项目实施过程中的工作程序即可表示项目的工作流，又可以从一个侧面表示项目的信息流。可以设计在各工作阶段的信息输入、输出和处理过程及信息的内容、结构、要求、负责人等。按照过程，项目可以划分为可行性研究子系统、计划管理信息子系统、控制管理信息子系统。